U0333057

听科学家讲故事

Scientist Story

变魔法的物理

李瑞宏 主编   赵 新 闻泉新 副主编

刘元冲 白文科/编著

大米原创·工作空间/绘

全国百佳图书出版单位
浙江教育出版社·杭州

科学具有两重性，它既是第一生产力，又是文化的一部分。

从世界发明史上看，那么多重大的、原创性的发现，凝聚着科学家的一种信念、一种感情。

有多少人了解科学家不为人知的另一面？

有多少人知道科学家的好奇心源自何处？

有多少人明白科学家的信念到底是什么？

有多少人清楚科学家在得到重要发现前一次又一次的失败是因为怎样的感情？

你知道吗？著名地理学家布鲁斯于2003年深入赫特·切卡，那是刚果盆地中一个无人居住的地方，当他发现这里是动物的乐园后，奋不顾身地跳入可能有鳄鱼的河流中。那该具有多么激昂的热情啊！

你了解吗？美国著名的发明家达尔文，他一辈子没上过班，他的夫人非常有钱，而他却只潜心在自己的庄园里面做实验，同时他也没有用他的成果去换钱。

我们熟悉的达·芬奇，更多的是了解他的艺术造诣。其实，他应该是现代科学的创立者，那为啥这一头衔并不属于他呢？因为，他不会用拉丁文书写他在水力学和人体解剖学上的发现，又因为他是左撇子，写的都是反字，直到21世纪才被解译出来。但他从来没有想着去发表，以彰显才能。

发现细菌的荷兰眼镜商列文·虎克更是把科学与艺术完美地融合在一起。他曾经著文描述他在显微镜下观察到的细菌的运动过程。他觉得那就像跳舞一样，而且动作非常协调，如果把细菌跳舞的轨迹画下来，那简直就是一幅神奇而美丽的画！

中国科学院院士、植物生理学家娄成后教授当年在美国的时候，正值美国经济低潮，资金并不宽裕，但这阻挡不了他的研究热情。他对含羞草的眷恋已经超乎想象，观察、种植已经不能发现植物

的细微变化，他决定运用电流表来研究含羞草运动与动作电流之间的关系，每天与草为友，观察电流表表盘上的数据，几年如一日，这种毅力无人能比。

2006年被千千万万的网友称作"微博元年"。美国Twitter（推特）网的创始人埃文·威廉姆斯第一次推出了微博服务。这项既新颖又便捷的服务，大大迎合了现代快节奏的生活，也完全符合人们急于抒发、喜欢围观的特性，因此它很快赢得了全世界人们的喜爱。无论在西方，还是在东方；无论是政治人物，还是娱乐明星……越来越多的人都以拥有微博为时尚。其实，威廉姆斯这时还是一个大学生，这项发明源于新世纪与过去不同的社交方式和生活节奏。而发明这项服务前，威廉姆斯根本不关心它的经济价值。

科学到底是什么？通过听科学家讲述他们自己的故事，可以发现，科学应该是出自一种精神的追求，这种追求一点都不虚渺，那就是源于好奇心。因为人生来就有好奇心，正如伟大的物理学家牛顿所说的，他只是站在巨人的肩膀上，他只是在沙滩边玩耍的小男孩，偶尔捡到了几颗漂亮的贝壳而已，在真理的海洋面前他仍然是无知的。伟大的科学家在自然面前体现出来的是低调和谦卑。对于他们而言，科学实际上就是做一个游戏，没有任何功利，无非是为了满足好奇心而已。

同学们，你们一定有自己的梦想和自己的追求吧。敢于质疑，敢于求异，敢于梦想，敢于创新，世界是公平的，科学是平等的，只要怀有一颗好奇心，经过长时间的努力，就有可能做出你意想不到的发现，经过一辈子的努力，就有可能成为像巴斯德、孟德尔、霍金、钱学森这样的科学大师。

记住：科学家是具有好奇心的长大了的孩子！

李象益教授系联合国教科文组织"卡林伽科普奖"获奖者（该奖项为世界科普最高奖）、科普专家、中国科技馆原馆长、中国科协科普工作部原部长、中国自然科学博物馆协会原理事长。

目录 contents

郢都斗法

超级小档案

发现时间：公元前420年。

发现地点：楚国都城郢都（今中国湖北荆州）。

魔法指数：发明了连弩车、机关人、火箭等武器，击败了公输班的云梯。

主讲科学家

平民圣人墨子

我出生在一个木匠世家，从小跟着父亲学做木工活，练就了一副好手艺，这对我后来的成名帮助很大。

18岁那年，我告别家人，前往鲁国跟随孔夫子学习儒学。但是，我渐渐发现自己的观点跟孔子有很多不同。他的授课过于刻板，整天逼着学生读古书，还要遵守那些烦琐的礼仪，这让我难以忍受。此外，他的知识全是文学方面的，数学、机

械等压根儿不懂。既然不能文理兼通，又怎么能算是一个大学问家呢？

于是，我拜别孔子，决定自立门户，创立属于自己的学派。

几年之后，我开办了私人讲学之处。与孔子那里不同的是，这里不止有文科，还开设理、工、军等多个学科。虽然我的弟子人数没有孔子的多，但在我的"通才"教育理念的引导下，他们不仅书读得好，还个个英俊魁梧、身怀绝技，武艺兵法样样精通，比孔子门下的那群弱不禁风的书生强得多。

有本书叫《墨子》，与记录孔子思想言行的《论语》相类似，这本书记录了我的思想言行，可以方便弟子们更好地研习我墨家的学问。书里不仅有我的哲学思想，还记录了很多数理化的知识，书后还画了很多奇妙机械的设计图。这本书刚一出版，就被抢购一空，成为当时的畅销读物。

《墨子》的出版，使我一下子成为学术界的红人，各诸侯国的国君都纷纷邀请我到他们国家去讲学，以彰显其求贤若

渴之心。这对我来说是个很好的讲学机会，我能以此来传播我墨家一派的思想。

在当时，各诸侯国之间经常发生战争，百姓深受其苦。我是天生的和平主义者，反对战争，主张"兼爱"和"非攻"。当然，我可不是只对国王们讲大道理，为了让那些大国们不轻易进攻小国，我还和弟子们一起制造了各种武器和守城装置，并且将一整套的防御体系免费送给那些小国备用。

话说在当时，南方的楚国是一个大国，野心勃勃的楚王总想吞并其他小国，以称霸中原。他在各地张贴《求贤榜》寻访能人异士，还花费重金悬赏各种新式武器。鲁国有个叫公输班（即鲁班）的巧匠，他发明了攻城用的云梯给楚王。为了试验云梯的效果，楚王决定攻打旁边的宋国试试。

传说，这种云梯由蜀山毛竹制成，能在地上悬空架起，一级一级地抬高，够上高高的城墙，战士登上云梯，不仅可以窥见城中的防御阵形，而且能借此登上城墙，与守军作短兵相接的战斗。有了云梯，攻城略地就不费吹灰之力啦！这个可怕的消息传开后，宋国的百姓叫苦连天，纷纷四处逃难。

听到这个不幸的消息，我很担心宋国百姓的安危，于是连忙从齐国出发去楚国，日夜兼程，希望能及时阻止这场战争。

来到楚国的都城郢都，我先去见公输班，劝他不要帮楚王攻打宋国。公输班阴阳怪气地说："不行呀，我已经答应楚王了。"于是，我就直接去见楚王。

楚王见到我后好奇地说："阿墨啊，自从你上次来讲学后，咱都有三年没见了，你不请自来，难道有啥要紧事？"

我说："大王啊，的确有件怪事。有这么一个人，放着好米好肉不吃，却想去偷邻居家的猪食；放着绫罗绸缎不穿，却想偷邻居的粗布衣，这个人到底是怎么了呢？"

楚王说："这人一定是脑子有病，得治。"

我说："楚国的长江和汉水里，鱼鳖虾蟹数不胜数，宋国却连野鸡、兔子、鲫鱼都没有，比起来这不是同好米好肉和猪食一样吗？楚国有珍贵的梓树、楠木、樟木，而宋国连成材的桐树都没有，比起来不是同绸缎和粗布一样吗？所以，我认为大王攻打宋国，并非明智之举。"

楚王听完，脸羞得通红，但他说什么都不肯放弃攻打宋国，势必要展示一下云梯的威力。无奈之下，我提出要与制造云梯的公输班进行一次模拟作战，证明楚国即使有了云梯也无法取胜。楚王感觉很新鲜，就同意了我的建议。

我解下了身上系着的衣带，在地下围着当作城墙，再拿几块小竹片当作攻城的工具。演习开始了，公输班每用一种方法攻城，我就用一种方法守城。他用云梯攻城，我就用火箭烧云梯；他用撞车撞城门，我就用滚木礌石砸撞车；他用地道，

我用烟熏。公输班把攻城的方法都使尽了，却始终无法取胜。楚王这才意识到无必胜的把握，就决定不攻打宋国了。

宋国的灾难终于解除了，不过公输班却有点倒霉，听说楚王正在向他追讨先前给他的巨额赏金呢！

超级小链接

墨子教徒

耕柱是墨子的得意弟子，却老是挨墨子的责骂。

有一次，墨子又责备了耕柱，耕柱觉得自己非常委屈，就当面质问墨子说："老师，难道在这么多学生当中，我是最差的？否则你干吗总是骂我呢？"

墨子听后反问道："假设我现在要上太行山，依你看，我应该用良马来拉车，还是用老牛来拖车？"

耕柱回答说："当然用良马来拉啊！"

墨子又问："那么，为什么不用老牛呢？"

耕柱回答说："理由非常简单，因为良马足以担负重任，值得驱遣。"

墨子说："如你所言，我之所以时常责骂你，也是因为你能够担负重任，值得教导。别人的责备其实是期望，只有虚心接受的人才会有所成就。"

无所不通

超级小档案

发现时间：公元前340年。

发现地点：马其顿国。

魔法指数：太阳底下每一个问题，亚里士多德都曾研究过。

主讲科学家

古希腊学者亚里士多德

要谈我自己的故事，首先得介绍一下我的老师柏拉图大人。

在那个时代，我的老师柏拉图可以说是完美的化身。他出身高贵，是雅典国王的后裔。他魁梧英俊，是全国少女的偶像。他还是个运动强人，曾两次在奥林匹克运动会上获得奖牌。他口才一流，不管多么枯燥乏味的内容都能讲得像诗一样动听，令草木为之动容。

他是大哲学家苏格拉底的入室弟子，曾跟随苏格拉底十年之久。在苏格拉底被奸人陷害、冤死狱中后，他对当时的国家制度失望透顶，开始四处旅行，试图寻找一种更好的国家制度——理想国，可惜没有成功。

于是，经过几年的旅行后，他回到雅典创办了一所学校——阿卡德米学园，那是当时希腊规模最大的大学，课程设置包括算术、几何、天文学以及声学等。老师似乎对几何学最为偏爱，他特意在学园门口立了一块刻有"不懂几何者禁止入内"的石碑。尽管招来了很多人的非议，但越是这样，

他的名气反而越大，传遍了整个希腊。

17岁那年，我因仰慕柏拉图的大名只身一人来到阿卡德米学园，跟随他学习了20年。老师常夸我聪明又勤奋，不过他也常对人讲："要给亚里士多德戴上缰绳才行，这个学生如果不严加管教，很难成为了不起的人——他的奇思妙想实在太多了。"

我非常尊敬老师，因为他的确教会了我很多东西。但在很多问题上，我不会盲目迷信，我有自己的看法，所以我们经常争论。有时候，老师甚至会被我问得哑口无言。

公元前347年，老师的去世让我十分悲伤，我离开了学园，开始在希腊各地旅行。这期间，我遇到了一位美丽

的女孩，跟她结婚了。

公元前343年，我收到了马其顿国王腓力二世的聘书，成为太子亚历山大的老师。国王给我建造了一所皇家学校，我将它取名为吕克昂学园。

我所建立的吕克昂学园跟老师的阿卡德米学园有点不一样。阿卡德米主要研究数学与政治，而我的吕克昂则更关注生物学、天文学、物理学等。"物理"一词就是我创造的呢！而且，我这里的设施条件超级棒，不仅有运动场、花园、图书馆，甚至还有有史以来第一座大型动物园。

除此之外，亚历山大大帝还挑了很多人为我服务，包括猎人、园艺师、画家、工匠、渔夫等，加起来近一千人呢！除了人力，他还为我提供了一大笔研究经费。在这么好的办学条件下，我有了一大堆研究成果，研究领域几乎涉及了所有目前已知的学科，成为举世公认的"博士"。下面就是一些我的史无前例的发现，当然，这些发现是否完全正确，还有待验证：

长毛的四足动物胎生，有鳞片的四足动物卵生。

鲸是胎生的，不像其他鱼类一样产卵。

重的物体比轻的物体落得快。

人是用心脏思考的。

地球是宇宙的中心。

世界上不存在原子。

一切可以自由行走的动物都有灵魂。

……

坚 持

有一天，一名学生在课堂上问苏格拉底，怎样才能成为像苏格拉底那样学识渊博的人。苏格拉底没有直接回答，只是说："今天我们只做一件最简单也是最容易的事，每个人把胳膊尽量往前甩，然后再尽量往后甩。"

苏格拉底示范了一遍，说："从今天开始，大家每天做三百下，能做到吗？"学生们都笑了：这么简单的事，有什么做不到的？

过了一个月，苏格拉底问学生："哪些同学坚持了？"教室里有百分之九十的学生举起了手。

一年过后，苏格拉底再次问学生："请告诉我，最简单的甩手动作，有哪几位同学坚持做到了今天？"

这时整个教室里只有一名学生举起了手，这名学生就是后来成为大哲学家的柏拉图。

史上最强裸奔事件

超级小档案

发现时间：约公元前252年。

发现地点：古希腊叙拉古城。

魔法指数：洗澡时发现了浮力的秘密。

主讲科学家

古希腊学者阿基米德

"家人的脸都被你丢尽了，托你的福，我现在都没脸上街了！"妻子愤愤地说。

面对妻子的抱怨，我无言以对。毕竟，上个月我光着身子在大街上狂奔的极品行为是事实啊！但这也不能怪我，都是太过专注惹的祸。

事情还得从一项王冠说起。今年春天，为了准备盛大的祭神节，国王给了金匠一大块金子，叫他打造一顶精巧而华丽的王冠。王冠制成后，国王拿在手里掂了掂，觉得有点轻。

他叫来金匠问是否掺了假。金匠以脑袋担保，并当面用天平来称，结果与原来金块的质量丝毫不差。可是，掺上别的金属也是可以凑足重量的。国王既不能肯定有假，又不相信金匠的誓言，于是把我召入宫中解此难题。

王冠的重量跟先前所给的金块一样，又不能把王冠拆开，怎么才能知道它是不是纯金的呢？回家以后，我苦思冥想了好几天，可是一点儿头绪都没有。

话说，跟我熟悉的人都知道我有个怪癖，就是家里桌子上有了灰尘，从不许仆人擦去，以便我可以在上面画图计算。炉灰掏出来也不让马上倒掉，我要摊在地上画个半天。你也不能

怪我脏，因为当时可没有现在你们使用方便的纸和笔呢。

有一天，我脑子里想着王冠的事，心不在焉地走近澡盆准备洗澡。可是刚脱了上衣，我就抓起一团叙拉古特产的灰泥皂在肚子上涂画起来，画了一个三角形又画了一个圆，边画边思考那顶恼人的王冠。

这时，我妻子走进来，一看就知道我又在发痴。她二话没说，拧着我的耳朵就要把我往澡池里按。我一面挣扎，一面喊道："不要湿了我的图形！不要湿了我的图形！"

岂料情急之下，她居然飞起一脚，朝我肚子上猛地一踹，只听"扑通"一声，我就一屁股跌倒在澡池里。

谁知这一跌使我的思路从那些图形的死胡同里解脱出来。原来澡池的水很满，我的身子往里一泡，那热水就顺着池沿往外流，地上的鞋子也淹在水里，我急忙探身去取。而我一起身，水又立即回到池里，这一下我连鞋也不取了，又再泡到水里，就这样一出一入，水随之一涨一落。我突然悟到可以凭此来测定王冠的体积。

因为太过兴奋，我居然忘记了穿衣服，浑身一丝不挂，湿淋淋地冲出大门，在大街上狂奔，边跑嘴里边喊："尤里卡！尤里卡！（希腊文，意思是'发现了'。）"

街上的人不知发生了什么事情，还以为我是个疯子呢！几个老妇人还大喊着："这红发帅哥身材可真好啊，你瞧那胸肌，你瞧那王字腹肌，可惜脑子出了问题啦！"

纯属扯淡，我哪是疯了，我不过由澡池溢水联想到王冠也可以泡在水里，溢出水的体积就是王冠的体积，而这体积与同等重的金块的体积应该是相同的，

否则王冠里肯定有假。因为急于要把这个重要的发现报告国王，我一路小跑到了王宫。

看到我赤着身子满身大汗冲入宫中，国王吓了一大跳，他冲我喊道："爱卿，何事惊慌？"

"尤里卡！尤里卡！"我上气不接下气地说。我让人找来一盆水，又找来同样质量的一块黄金、一块白银，分两次泡进盆里。白银溢出的水比黄金溢出的几乎要多一倍。把王冠和同等质量的金块分别泡进水盆里，王冠溢出的水比金块的多。这时，金匠不得不低头承认，为了私吞黄金，他是在王冠里掺了少量白银。

难题解决了，而且，我还发现了一个规律：把物体浸在液体中，所排开的液体的重力等于物体所受到的浮力，这就是阿基米德定律。

一次裸奔换来了这么重要的知识，我认为值。

这件事也使国王对我的学问佩服至极，他当晚就发出公告："以后不论阿基米德说什么话，大家都要相信。"

阿基米德羊皮书

世界上现存的科学经典中，恐怕没有比《阿基米德羊皮书》经历过更多的坎坷和劫难了。

1000多年前，一名文士在羊皮纸上抄写了这份阿基米德译稿。之后，抄本又被擦去，重新抄上祈祷文，放在修道院里无人问津。此后经历过十字军东征和世界大战，这部抄本流传海外。直到1906年，丹麦学者海贝尔在伊斯坦布尔的教堂图书馆发现了这本祈祷书，他注意到祈祷文墨迹下隐藏着数学方面的文字，并请摄影师拍了照。

不久，希腊和土耳其之间爆发战争，祈祷书在战火中失踪。没有人知道它在近一个世纪的光阴中经历了什么，但它却于1998年由法国收藏家举行的一次拍卖中现身。此后一个匿名富翁以200万美元的代价拥有了它，并将它陈列在美国巴尔的摩市的博物馆里，直到今天。

生死攸关

超级小档案

发现时间：132年。

发现地点：中国洛阳。

魔法指数：发明了世界上第一台测定地震方位的地动仪。

主讲科学家

东汉太史令（主管天文和地震工作）张衡

世人皆知我因预言陇西地震而得到圣上五匹黄绫的赏赐，却不知我为此所冒的风险，差点就掉了脑袋。此事的内情且听我细细道来。

话说自圣上登基以来，我就在他身边侍奉，至今已有十几载。作为太史令，我编订历法、观测天文、推演星象，也算尽职尽责。可是，有件事始终让我忧心忡忡。

自汉朝立国，全国各地就频繁发生大小地震，公元96年至公元125年，30年间就有23年发生大地震。地震之时，房倒屋塌，山崩地裂，灾民流离失所。每次地震发生后，因为消息传递不便，延误了救灾的时机，造成大量的伤亡。虽说地震属于自然现象，非人力所能控制，但是如果能设法知道哪里发生了地震，及时派兵前去赈灾救济，一定可以最大限度地减少伤亡，拯救黎民于水火。

地震发生时会引发大地的剧烈震动，这种波动会通过地面传播。我根据这个原理，再经过多年的摸索和实验，终于在132年用黄铜铸成一台可以测定地震方位的仪器。

这台仪器的形状像个大酒坛，圆径八尺，顶上有突起的盖子，表面有浮雕的篆文、山、龟和鸟兽花纹。"酒坛"的外壁上，倒挂着八条龙，龙头分别朝东、西、南、北、东北、东南、西北、西南八个方向排列，每个龙嘴都含有一颗铜球。每个龙头下，都有一只铜蛤蟆。蛤蟆仰着头，张大嘴巴。哪个方向发生地震，哪个方向龙嘴里的铜球就会掉下来，正好落在铜蛤蟆的嘴里。

之所以选择在外壁倒挂神龙，是因为根据民间的记载，但凡在大地震发生之前，天上都会出现长条状如神龙一般的地震云；选择蛤蟆正对着龙头，是因为地震前常常会出现蛤蟆上街的异常景象。这些都是大地震即将发生的天象预警，因此我把自己发明的这台仪器取名为"地动仪"。

地动仪为何能报出地震、测出方向呢？这是因为，"酒坛"中心立有一根很重的铜柱，名曰"都柱"，都柱上粗下尖极易歪斜。其周围的八个方向有八根曲杆与八个龙头

相接，只要一个方向有地震波传来，都柱便会倒向这个方向，压动曲杆，牵动龙头张口，吐出铜球警示。

今年二月初三的傍晚，我正在书房看书，忽听"当啷"一声，西面这条龙吐下了铜球，这就意味着西面肯定发生了大地震。第二天早朝，我向圣上启奏道："臣昨晚察知京师正西方向发生地动，那里必是房倒墙摧、生灵涂炭，请陛下速派员安抚，以救民于水火。"

当日洛阳城内恰好风和日丽，没有一丝地震的迹象，当即就有人跪奏圣上道："地震发生是上天的预警，是天下大乱的征兆，自我皇永建元年(公元125年)登基以来，天下太平，五谷丰登，何来凶象之兆？张衡昔日曾被贬出京，分明是对圣上心怀不满。今日在大殿上妖言惑众，论罪当诛。"

此人伶牙俐齿，口若悬河，朝中不少大臣纷纷附和称是。我的一些好友也不敢插嘴申辩，大殿之内一片肃静。

圣上一时也拿不定主意，便问道："卿言西方地动，有何根据？"

我说："臣在家中亲自测得，三日之内必有驿报，若无此事，甘愿受死。"

散朝回来后，亲朋好友都为我捏了一把汗，埋怨我不该在朝堂上胡言乱语。但我坚信自己的判断。

然而，两天过去了，毫无动静，京城里依旧风和日丽，也没有任何发生地震的消息从外地传来。

"张衡吹牛！"

"张衡造谣！"

京城里议论纷纷，这下，我的那些政敌们有了话柄，有的

上书要求皇上治我的罪，有的到我家里来讽刺挖苦。

眼见红日西斜，宫中忽然传旨圣上要见我。家人以为皇上要杀我，都吓得浑身发抖。进宫后，只见群臣悄无一言，圣上面带怒色，像刚发过脾气。圣上见我进来，转怒为笑道："爱卿真是料事如神，刚才驿马来报，陇西果然在前晚发生了地震。你学富五车又敢直谏，真不愧是我朝重臣，特赐你黄绫五匹。"

虽然虚惊一场，但地动仪的神奇终于得到了大家的承认。

超级小链接

浑天仪

除了发明地动仪外，张衡另一个伟大的发明就是浑天仪。

在古代，人们模仿肉眼所能看到的天球形状，把观察天象的仪器制成多个同心圆的大型金属环，并刻有一些精确度数，然后连接代表不同同心圆的金属环相互交叉的两点，这样就形成了看起来像球状的东西。这就是"浑天仪"。

我国第一架浑天仪雏形是公元前52年由天文学家耿寿昌制作的。这架仪器的球面上还绘有表示赤道的大圆圈。到公元84年时，天文学家傅安和贾逵在他的基础上加了第二个金属环表示黄道。后来，东汉的天文学家张衡增加了表示子午线和地平线的两个环，并在球面上绘有太阳、月亮二十八星宿，从而可以很好地演示太阳、月亮及星星的东升西落现象。这就是真正意义上的浑天仪了。

临终的挑战

超级小档案

发现时间：1539年。

发现地点：波兰弗伦堡。

魔法指数：提出日心说，极大地推动了天文学的发展。

主讲科学家

波兰天文学家哥白尼

在公元1世纪末，古埃及天文学家托勒密在他的著作中，系统地提出了"地球中心说"，即"地心说"。

托勒密认为，地球是宇宙的中心，地球是固定不动的，所有的星体都围绕着地球运转。天有九层：第一层为月球，第二层为水星，第三层是金星，第四层是太阳，第五层是火星，第六层是木星，第七层是土星，第八层是恒星，第九层叫水晶

天，即上帝和诸
神居住的地方。

根据地心说，托勒密完美
地预测了日食和月食的发生。在当时，
这是非常大的科学成就。由于托勒密的"地心
说"很符合基督教神学的观点，于是教会便把它捧上
了至高无上的地位，在此后长达千年的时间里，托勒密学说
成为天文学界不容置疑的绝对真理。

我是波兰人，从小就爱天文学。在我童年时期所能看到
的书里都认为地心说是绝对正确的。但是后来，情况发生了
变化。

从意大利博洛尼亚大学留学归国后，我被选派到波罗的
海边上的弗伦堡天主教堂做牧师。工作之余，我在教堂的一
角找了一间小屋，建立了一个小小的天文观测台。我自己制造

了四分仪、三角仪、等高仪等天文观测仪器，白天工作，晚上就到野外观测星星，并做记录和计算。

经过长期的天象观测和研究，我计算出太阳的体积大约相当于161个地球。我不禁想：这么大一个庞然大物，会和其他星星一起绕着地球旋转吗？这样的话，身躯庞大的太阳不是很容易跟其他星星撞在一起吗？由此，我开始对流传了一千多年的"地心说"产生了怀疑。

通过不断的观测和计算，我渐渐意识到，或许七大行星都在按照各自的轨道围绕着太阳旋转，我们看到太阳东升西落是因为地球本身在自转，而非太阳在绕着地球转，所以太阳才是整个宇宙的中心。我把自己的理论取名为"日心说"，并请来画家在画布上画了一张七大行星围绕太阳旋转的示意图。

不料，这张示意图却给我带来了大麻烦。一些同事看到

后，都说我妖言惑众，纷纷向宗教法庭控告我。我向来不爱惹麻烦，面对这一切，我只有选择沉默，躲在天文台里，继续埋头于天体研究。

从1510年开始，我动手写论述日心说的巨著《天体运行论》。整整花了20年的时间，数易其稿，终于写成了六卷本的《天体运行论》。我知道这本书如果出版，一定会遭到教会激烈攻击。因为人们因袭许多世纪以来的传统观念，对于地球居于宇宙中心静止不动的观点深信不疑，我把运动归之于地球的想法肯定会被教会视为异端邪说。

由于担心教会的迫害，我虽然知道自己手里掌握了真理，但是否把这一真理公之于众，我始终犹豫不决。在书稿完成后的整整10年里，这套巨著只能默默地被藏在储藏室内，不为人知。

1539年，我最喜欢的学生雷蒂卡斯从德国到波兰来看我，他在读了《天体运行论》的手稿后，大为震惊，问我说："老师，他们那么诬蔑你，你为何不出版这本书，来反击他们的荒谬和愚蠢呢？"

"孩子，你不知道，现在教会的势力那么强，我的学说稍有漏洞，就会被完全扼杀，甚至会被判处火刑。"

"可是老师，我相信，即使现在没人理解，后人自有公论，您都已经快70岁了，再不发表，就看不到自己的书了！"

"是的，我是快要升天的人了，宗教审批所的火刑对我已无能为力了，可是孩子，你该怎么办呢？书一发表，这些丧心病狂的人肯定不会放过你，要置你于死地的。"

"我不怕，老师，我从德国千里迢迢跑来就是因为你这伟大学说的感召。朋友们都在劝你，快发表吧，这里不给出版，我可以把稿子带到德国去出版。"

"好吧，一切出版事宜全托付给你了。"

在雷蒂卡斯和几位朋友的帮助和鼓励下，《天体运行论》终于在1543年出版。当那散发着油墨香味的样书送到我手里时，我已经双目失明、行将就木了。摸着那崭新的书，我流下了眼泪，喃喃地说："我，我总算在临终时推动了地球……"

超级小链接

地球是圆的

在古代，世界各民族对天和地的样子都有自己的看法。

中国人有"天圆地方"的说法，认为天空是圆的，大地是方的。北京天坛的圆形建筑和地坛的方形建筑，就是这一说法的反映。古埃及人把大地看成是四周环海的一块地方，星星则高高挂在天上。古印度人对天和地的看法更是离奇，他们认为大地由四头大象驮着，大象踩在一只巨大的乌龟背上，而乌龟又站在一条盘着的巨蟒上……

大约在公元前450年，古希腊学者菲洛雷厄斯终于确信大地是圆形的，其理由是：人往北走，北边的星星越升越高，南边的星星越来越低；月食时，从月球上看到的地球的影子的一部分是圆弧形的。可以说，这为以后科学家们对天文现象的研究提供了基本的概念。

发明钢琴的
乐律王子

超级小档案

发现时间：1584年。

发现地点：中国河南泌阳（即明代怀庆府）。

魔法指数：创建十二平均律(当时称新法密率),被认定为世界通行的标准调音。

主讲科学家

中国明代文化巨匠朱载堉

　　我从明代穿越而来，所以，当我在下面的故事中穿梭于不同朝代和中西方时，请你莫要奇怪。毕竟，我要讲的乐律学是一门相对陌生的学问，若不采用意识流式的讲述方式，你们还真听不明白。

　　乐律学，如今时髦的叫法是音乐学，它包含"乐学"和"律学"两大分支，是中国古代科技文明中成就极高的一门学科。根据记载，圣人孔子就是一个大音乐家。他天赋惊人，从小就成为村里红白喜事的吹鼓手。长大后，他先是跟随鲁国乐官师襄子学会了绝世琴技，后又前往洛阳，向周朝大夫苌弘请教了器乐的演奏技巧和一些舞蹈技巧。相传有一次，他在齐国听到宫廷里的《韶》乐后，竟激动地三个月尝不出肉的美味。

或许是出于对孔夫子的仰慕，在古代中国，音乐一直是读书人必须掌握的基本才能之一。到了明朝末年，传统的宫廷雅乐逐渐衰落，民间音乐迅速崛起，从此迎来了中国古代音乐发展的最高峰，而我就有幸生活在这一盛世。

我是一位王子，父亲是郑王朱厚烷，他是个音乐爱好者，常抱着我抚琴弄箫。耳濡目染下，我从小就对音乐有着浓厚的兴趣和很强的悟性。

童年生活原本是幸福美好的，不料，在我15岁时，父亲遭人诬陷，被嘉靖皇帝削除爵位，发配到安徽凤阳服役。虽然我和家人并没有受到牵连，但是，一想到父亲在贫寒之地受苦，而自己还过着锦衣玉食的生活，我就心痛异常、坐立不安。所以，我放弃了王子的奢华生活，找人在王宫外修了一间土屋，铺了一张破草席，每日幽居其间，潜心学术研究和理论著述。

　　幽居土屋的岁月真是一段不堪回首的经历，那种愁闷、痛苦是难以名状的。在我18岁那年，有人来我家提亲，我拒绝了。因为，我自己尚且天天都处在坠落深渊的恐惧中，哪能再找一个爱我的人陪我一起受苦呢！我也曾冒死为父申冤，可是朝廷根本不予理睬，父亲也没有被释放，我真的感到很无助，醉心于读书成了我唯一的精神寄托。我还

曾专门到嵩山少林寺向松谷禅师学习佛学,祈以佛学滋润我的心灵。

现在看来,或许我应该感谢这场突然的变故,因为,恰恰是在这段苦难岁月中,我对乐律学的研究取得了一系列重要进展,这为后来新法密率(即十二平均律)的发现奠定了基础。

我们知道,音乐之所以悦耳动听,是因为人的耳朵能够区分出高低不同的音,这在音乐学上称为音级。古人用汉字给不同的音级命名,其中有五个基本音级被记为"宫"、"商"、"角(jué)"、"徵(zhǐ)"、"羽",分别对应现代唱名的"哆(do)"、"唻(re)"、"咪(mi)"、"嗦(sol)"、"拉(la)"。这就是所谓的"五声音阶"体系,用现代的简谱表示,就是1、2、3、5、6。

后来,人们又在五声音阶中再加入"变宫(对应简谱4)"、"变徵(对应简谱7)"两个变化音级,从而形成了七声音阶。到了公元前3世纪左右，音乐家管仲发明了计算五声音阶的"三分损益法"。这种方法由于与人耳生理声学的乐感要求极为符合，使人感到悦耳，所以在历史上曾经长盛不衰。

尽管"三分损益法"优点不少，但是，按照此法制造的乐器很难旋宫转调是其致命的缺陷。自汉代以来，很多律学家都绞尽脑汁去探寻解决这一问题的方法，可惜都无功而返。直到我的新法密律的横空出世，才算彻底解决了这一难题。

新法密律把一个完整的七声音阶平均分为十二个半音，这种律制因此也被叫作"十二平均律"。有了这种新律制，人们就可能创造出风琴、钢琴等键盘乐器，可以在这些键盘乐器上演奏任何调高的乐曲而保持各调音阶音与音之间的相

对音高关系不变，因此，随意旋宫转调成为现实。

新法密律的文章出版后不久，就被几位意大利的传教士带到了欧洲。风琴、钢琴随之被发明出来，这使我很快成了欧洲音乐家心目中的东方圣人。

可是，我向皇帝递交的介绍新法密律的《进律书奏疏》却被束之高阁，无人问津。这可真是墙内开花墙外香啊！

超级小链接

刘半农评朱载堉

大家都知道，火药、造纸、印刷是中国人的三大发明。到了近代，西洋人用他们的科学方法将其改良，使这三样东西都有了飞速的进步，而我们还得回过头去跟他们学习……

然而，明朝末年朱载堉先生所发明的十二平均律，一做就做到了登峰造极的地步。他把一个八度分为十二个相等的半度，是个唯一不二的方法。直到现在谁也无法推翻它。无论是算法还是数字，直到现在还是原封不动。

那么，我们能说这是个小发明吗？的确，和造纸、印刷、火药相比，它是渺乎小矣。但全世界文明国家的乐器，有十之八九都要依着他的方法造，全世界的钢琴，没有一架不是用他的方法来定律的。

我恨哥白尼

超级小档案

发现时间：1609年。

发现地点：意大利威尼斯。

魔法指数：通过望远镜观测天象，证实了哥白尼的日心说。

主讲科学家

意大利科学家伽利略

老实说，我不喜欢哥白尼，虽然他的学问让我膜拜，但这些信仰却给我带来了大麻烦。事情还得从离开比萨大学说起。

话说因为在比萨斜塔上做了那场落体实验，我把比萨大学的老教授们全得罪了。他们联合起来找了个借口，让比萨大学把我开除了。

在一位贵族朋友的帮助下，我到了威尼斯的帕多瓦大学任教。当时，威尼斯已经被教会摒弃，不受什么宗教审判所的限制。意大利的很多进步学者都来到这里，自由地讨论学问。

在威尼斯，我毫无顾忌地讨论学问，并且广招门徒、积极社交。我从父亲那里学来的一手好琵琶常常成了社交晚会上最吸引人的节目。因为我天生相貌英俊，又才华横溢，因此有很多女粉丝，在我的周围很快形成了一个热闹活跃的社交圈。在此期间，我进行了关于地球磁力的研究，发明了精确的指南针，还有温度计、圆规等。

1609年，我听说荷兰有个工匠发明了一种望远镜，可以把物体放大三倍。我知道荷兰的望远镜是利用了凸透镜和凹透镜的某种组合，于是找来一名仪器制造师，让他按照我的最新

设计磨制透镜镜片，试图改进荷兰望远镜。不到三天，新的望远镜就制成了。经过改进，我的望远镜能望远30倍，比荷兰工匠造得更好。

我迫不及待地到威尼斯最高的钟楼上，向威尼斯的名流们演示了我的新望远镜。大家都叹为观止，纷纷表示祝贺。

演示完毕，我把新望远镜献给了威尼斯公爵。公爵的虚荣心获得了极大的满足，当即下令聘请我为帕多瓦大学的终身教授。

其实，我一直是波兰天文学家哥白尼的信徒，现在，我发明了望远镜，就可以把镜头直接对着天空，来验证哥白尼的日心说是否正确了。

我先将镜头对准月亮，发现明镜般的月亮上竟然凸凹不平；我又将镜头对准木星，发现木星的周围居然有像月亮一样的卫星，而且有4颗；我再将镜头对准银河，哪有什么河，原来是由无数的星星组成的……

这些发现无疑证明哥白尼是对的，地球在动，太阳才是宇宙的中心。当我把这些发现告诉我的一位朋友时，他惊呼道："天哪，快住口，你忘记10年前因支持日心说被烧死的布鲁诺了吗？"

朋友的话虽有道理，但我还是大声嚷道："哥白尼靠的是假设，布鲁诺靠的是计算，而我这个望远镜，是可以直接观测的，还有什么理由不相信日心说呢？"1610年，我不顾朋友们的劝阻，出版了记录我观测结果的专著《星际信使》。这本书一出版，就轰动了整个欧洲，我一下成了学术界的明星，人人争相传颂："哥伦布发现了新大陆，伽利略发现了新宇宙。"

然而，欢喜背后总是隐藏着危机。那一年，我回到佛罗伦萨。那里是守旧派的大本营，很多人都极度仇视哥白尼学说，我自然成了他们的眼中钉。他们纷纷从《星际信使》里搜集我支持哥白尼的条文，以此来当作我反对圣经的证据，还四处散布不利于我的谣言。不久，这些精心编造的证据被呈交给罗马宗教裁判所。

1616年，我前往罗马接受审判。红衣主教贝拉尔明亲自下达命令：不得教授或讨论哥白尼的学说，如果忤逆不从，则判处监禁。我逼不得已，只得在判决书上签字，表示服从。

从罗马回来后，我整日闷闷不乐，我想研究的事情不让研究，我想大声呼喊却又不敢，只有独自在屋子里自问自答，做着各种假设、各种计算，或者在夜里偷偷用望远镜观测星辰。

唉，对哥白尼和他的日心说，我的感情是复杂的，可谓既爱又恨，无以言表呀！但我始终坚信，不管怎么样，地球仍在转动。

超级小链接

两个铁球同时落地

17世纪初的一天，伽利略带了两个重量不同的铁球：一个重100磅，另一个重1磅。伽利略站在比萨斜塔上，向塔下望去。比萨斜塔下面站满了前来观看的人，大家议论纷纷。有人讽刺说："这个小伙子的神经一定是有病了！亚里士多德的理论不会有错的！"

实验开始了，伽利略两手各拿一个铁球，大声喊道："下面的人们，你们看清楚，铁球就要落下去了。"说完，他把两手同时放开。人们看到，两个铁球，几乎同时落到了地面上。所有的人都目瞪口呆了。

伽利略的实验证明了物体的下落速度与物体的质量无关，这从根本上否定了亚里士多德关于物体质量决定下降速度快慢的理论，为近代力学的发展奠定了基础。

星星的轨迹

主讲科学家

德国天文学家开普勒

"人生就像一张桌子，上面摆满了杯具（悲剧）。"这句话可谓我之心声。

我的不幸从童年就开始了。我是个早产儿，体质很差。4岁那年，我得了猩红热，虽侥幸死里逃生，却留下了严重的后遗症，视力很弱，一只手半残。

好在我脑子不笨，上学时成绩一直名列前茅。21岁时，我

在杜宾根大学获得硕士学位，本以为前途一片光明，可是不幸再次降临。毕业分配前，有人向学校教会举报我有反动言论，结果，我失去了担任牧师的资格，被迫移居奥地利，靠当讲师为生。要知道，当时牧师的工资可是讲师工资的好几倍。

在奥地利当讲师期间，我完成了自己的第一部天文学著作《神秘的宇宙》。虽然这本书的内容现在看来几乎都有问题，但其中显露的一些数学思想，打动了远在布拉格的天文学家第谷·布拉赫，他觉得我是一个不可多得的人才。

第谷老师是我一生中最敬佩的人。1598年，因为宗教冲

突，我被学校辞退，正走投无路之时，他向我伸出援手，派人接我和家人到布拉格做他的助手，还帮我向国王申请薪金。这或许是我悲剧人生中唯一的一次幸福吧！

可是，跟第谷老师合作不到一年，他就因病去世了。弥留之际，他将他这一生观察所记录的750颗星的资料全留给了我，并嘱咐我要将它编成一张星表，以供后人使用。而这星表的名字就以支持我们的国王——尊敬的鲁道夫来命名。

第谷死后，国王委派我继任第谷御用数学家的职位，继续他未竟的事业。这时，第谷的女婿突然跳出来找麻烦。他声称自己才是第谷的合法继承人，一方面抢夺观测资料和仪器，另一方面指责我没有按照第谷的体系来编制星表。

可惜，这名女婿压根儿就对天文学一窍不通。在他意识

到这些宝贵的观测资料在自己手里只会是一堆废纸后，才勉强同意了我的和解建议，即同意把观测资料和仪器还给我，但我必须在将来出版的星表上给他署名。

在对第谷的观测数据进行了仔细的整理、分析和研究，特别是对火星的轨道进行深入研究后，我发现，无论是托勒密体系、哥白尼体系还是第谷体系，没有一个能与第谷的观测结果相符合。这使我意识到，只有放弃以往天文学中"圆形"和"匀速"等传统观念，才能符合行星运行轨道的真实观测结果。随后，我进行了多次试验，发现火星的轨道应该是椭圆，而且地球的运行轨道也是椭圆。

1609年，我发表了《新天文学》，提出了开普勒第一第二

定律，详细地解释了行星沿椭圆形轨道运行的问题。可惜，这本书并未引起多少同行们的关注，相反，却招致了不少非议。特别是第谷的女婿，他总是散布谣传，说我背叛了第谷的天文体系，还窃取了第谷的研究成果。

1611年，我的女儿和妻子相继病故，连我的靠山鲁道夫皇帝也病死了……新皇帝不待见我，让我卷铺盖离开布拉格。后来又经过9年的时间，我才从一大堆计算数字中发现了周期定律，即开普勒第三定律。我将自己的"第三定律"等成果写成一本书《宇宙谐和论》，于1619年出版。

至此，我一生的最后目标便是赶快完成《鲁道夫星表》了。我自知时日无多，所以我必须加把劲，毕竟，我答应过老师，不能言而无信啊！终于，1627年，星表得以印行。

超级小链接

壮观的流星雨

　　流星雨是短时间内许多流星出现在天空的现象。每年11月中旬出现的狮子座流星雨十分壮观，看上去就像众多流星一齐从狮子座的方向射出来。1833年出现在美国波士顿的狮子座流星雨尤为壮观，从流传下来的图画中可以看出它的盛况，既像天女散花，又像满地火焰。

　　流星雨的出现和流星群有密切关系，而流星群又和彗星有密切关系。彗星绕太阳运行时，会在它的轨道上撒落一些碎块和残骸，这就形成了流星群。当地球和这些流星群相交会时，许多流星体穿过地球大气层，人们就能看见光芒四射的流星雨了。由于某些彗星和它随行的流星群是有一定周期的，所以一些著名的流星雨也会按期到来，只是没有那么准确。

泄露天机的苹果

主讲科学家

英国物理学家艾萨克·牛顿

　　1665年，这注定是不平凡的一年，当时我在剑桥大学巴罗教授的指导下，发现了二项式定理，这是我数学生涯中的第一个创造性成果，也在欧洲数学界产生了很大的震动。

　　这年4月，我被授予文学学士学位。因为获得了学校的奖学金，我得以继续留在剑桥攻读硕士学位。

　　然而，到了6月，一场毁灭性的鼠疫降临英国，这在当时被称为黑死病，因为发病之人临死前全身布满黑斑，并且任何碰触了此黑斑的人都会感染发病。一时间整个伦敦人心惶惶，街上满是无人清理的黑色死尸。随着疫情逐渐向剑桥蔓延，剑桥大学宣布停课，学生们都收拾行李逃难。8月，我收拾好行李，返回了阔别已久的故乡伍尔索普村。

所谓"儿行千里母担忧"，当我背着行李回到自家庄园那幢二层小楼前时，迎接我的是满含激动泪水的妈妈，妈妈说："孩子，收到你的信，我激动得一夜没睡，房间早已经收拾好了，快，坐下歇歇吧！"看着妈妈头上新添的几缕白发和弯弯的腰板，我当即热泪盈眶。

家里没有学校里的约束，一日三餐又有母亲精心料理，这日子可就舒适自由多了。这期间，我全身心一直被物体运动的问题占据着。

众所周知，哥白尼提出了地球绕日运转，开普勒找到了行星运转的规律，伽利略则用实验证明了行星的运转。可是它们为什么要那样运转？先贤们并未对此作出过明确的回答。

为了解开这个谜团，我翻遍了以往有关天体运行的书籍，却仅仅找到了一种近乎幻想的说法：天体间存在一种引力，这是按照神的意志，给予物质各部分的自然属性。天体运行难道真是引力作用的结果？那么引力又是怎么来的呢？我一直想着这些问题。

一天傍晚，皓月生辉，我一个人躺在后院园子里的苹果树下思考。树上挂满了红红的大苹果，空气中充满着沁人心脾的果香。

突然，"吧嗒"一声，树上一个熟透了的红苹果被风吹落在地上。我脑中

灵光一闪:"咦!苹果为什么要落在地上,不往天上掉呢?难道是地球的引力在吸引着它?可是,月亮不是也被吸引吗?为何它不会落下来呢?"

灵感被激活,我立即就此问题展开了联想:一个人站在山崖上,把一块石头轻轻地抛出,石头会落在不远处;如果他用的力更大,石头就会落得更远;若力足够大时,这石头就将不再落地,而是绕着地球旋转起来;要是地球没有引力,这石头就会朝着他抛出的方向照直飞去。

推而广之,我认识到,只要有一个引力作用于旋转的物体上,它就能保持在一定的轨道上旋转。这就好比一个小孩用手拉着一根另一头拴着石头的绳子在空中转圈一样,石头不会掉下来也不会飞出去。月球也一样,它被地球无形的引力(也叫向心力)拉

着，使它保持在一定的距离上绕地球转动，而这种引力的大小恰好是适当的。看来，我只要证明地球对月球的引力确实就是月亮绕地球运行所需的向心力，那么行星之间都有引力的结论就是正确的了。

后来，我经过一系列的计算，发现物体间的确存在一种同样的引力，其大小仅与其质量和相互间的距离有关。这种引力不分天南海北、春夏秋冬、天上地下，到处都存在。这后来被称为"万有引力定律"，由我在1687年的《自然哲学的数学原理》上发表出来。

不过，要想用数学来证明这个定律却困难重重，因为当时已有的代数学定律根本无法计算我要分析的问题。为了方便计算，我不得不又花费大量的时间在数学上，并创立了一种新的数学体系——微积分。我用微积分成功计算出了结果，但令人失望的是，这个计算结果和我直接观测的结果居然相差约16个百分点。后来我发现，存在误差是因为我

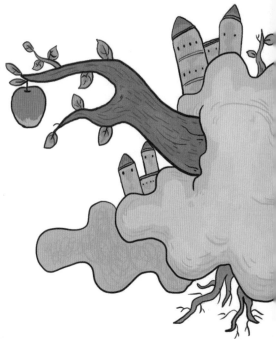

当时采用的地球半径值是不准确的，不过这也不能怪我，因为当时我没有资料可以查找。

天哪，小小的苹果，竟联系到广袤的宇宙，引出了一条伟大的定律。天地间万事万物，该有着多少奇妙和神秘的联系呀！

哈雷彗星

哈雷是一位研究天文学的青年学者，他在恒星的观测和星图制作等方面有很高的造诣。

1684年，年轻而勤奋的哈雷在研究开普勒的行星运动第三定律时，意外地发现了引力和距离的平方成反比的关系，可苦于无法从数学上给予证明。后来，在牛顿的指点下，哈雷通过计算，成功证明了彗星运动的周期性。通过查阅大量历史资料，哈雷在1705年大胆预言："如果1758年时彗星再次出现，那么后代人将会记得，发现这颗彗星的功劳，要归功于一个英国人。"

彗星果然没有失信于哈雷和牛顿，1758年圣诞节（刚好也是牛顿的生日，真是美好的巧合），这颗历史上第一次被预言回归的彗星被一位业余天文学家观测到了，后来，这颗最富传奇色彩的彗星被命名为"哈雷彗星"。

彩虹的秘密

超级小档案

发现时间：1666年。

发现地点：英国东米德兰兹林肯郡。

魔法指数：发现白光由七种颜色的色光组成。

主讲科学家

英国物理学家艾萨克·牛顿

光学问题一直是物理学中最热门的领域。千百年来，一直有一个未解之谜：明明太阳光是白色的，却不知道为什么雨后的天空会突然出现一条七色彩虹。于是众说纷纭，有人说是一条长龙弯身向海吸水，有人说是一座通往天宫的仙桥。可到底这七色彩虹从何而来，没有人晓得。

我在大学期间就对光的问题很有兴趣，伽利略用望远镜

观测天体的惊
人成就更让我
浮想联翩，我也
希望自己有朝一
日可以造出一台
那样的望远镜来窥测宇宙的奥秘。

　　幸运的是，我大学的指导老师巴罗教授就是一个光学专
家，他曾送给我一本开普勒写的《光学》。熟读此书后，我成
功掌握了望远镜的基本原理和光的反射、折射规律，并且，巴
罗教授还教我掌握了磨制曲面玻璃镜片的高超手艺。

　　1666年的一天，我正在房间里推算公式，为了避免外面
吵闹声的干扰，我拉下深蓝色的窗帘把窗子遮了个严严实实，
原本亮堂堂的屋子一下子变得漆黑一片。突然，我瞅见从窗帘

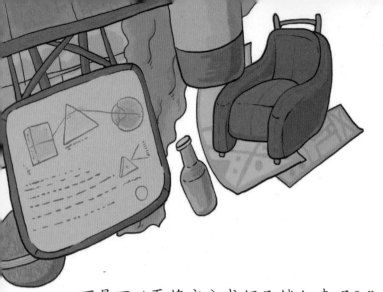

布上的一个小洞里透进来一缕细细的阳光，我不禁想："从来没有见过这么细的光束呀，不知道是不是可以再将它分成好几缕细束呢？"

天生敏感的我，想着想着，就顺手从抽屉里摸出一块自己磨制的三棱镜，迎上去截住那束细光，然后回头去看这光落在墙上的影子。好奇怪呀！那墙上竟然出现一段包含红、橙、黄、绿、青、蓝、紫七种颜色的光带。我变换三棱镜的方向，结果都出现了长条形的彩色光带。更奇怪的是，当我用另一块透镜把经过三棱镜折射后的光重新收集起来时，竟发现它们又重新汇聚为白光了。

"怎么会这样呢？"我自言自语道。

这时，我突然想到夏季雨后出现的彩虹，或许七色的彩虹和我现在看到的光带存在某种联系。于是我查阅了前人的书籍，发现前人关于这种白光被分解为不同色光的现象（被称为色散现象）的解释很模糊，有人认为这是因为玻璃的厚薄导致了透过光的多少才产生了颜色深浅不同的色带。但是我通过实验很快否认了这种观点。在后来的一系列设想和验证实验中，我开始慢慢领悟到一个秘密：我们平时看到的白光，其实它本身是由七种颜色的光混合而成的。

得到这个发现后，我开始明白为何伽利略制作的折射望远镜在观测星空时往往比较模糊，这并非是因为缺乏合适的透明镜片，而是因为白光本身就是一种"不同颜色的光的混合物"，通过透镜时会发生色散。明白了这一点，我决定根据新的原理，制作一架反射望远镜，彻底解决视野模糊的问题。

说干就干。要知道，我从小就是一个巧手"小工匠"。我先用铜、锡、砷熔成一块合金，再用此合金精心磨制成一面表面异常光滑无瑕的凹面镜（就是五官科医生头顶上戴的那种镜子），好用它来聚焦外来的光线。我把凹面镜安放在镜筒的最底端，再在凹面镜的正对面以45度角斜置一面平面镜，用来接收从凹

面镜中反射回来的外界光，平面镜所反射的光再通过圆筒侧面的目镜进入人眼被接收，这样，一架最简单的反射望远镜就制作成功了。

当天晚上，我怀着无比激动的心情把这架望远镜的镜筒指向星空，如我所料，视野中星星的影像清晰明亮，彩色条纹的干扰彻底消除了。我除了清楚地看到了木星和它的4颗卫星，还观察了金星。

在当时，作为一位名不见经传的大学生，我并未急于公布我的发现。直到1673年，我才向英国皇家学会寄去了我的有关光的色散问题的论文，还附赠了一架由我改造的反射望远镜。不料，这下惹来了大麻烦。

英国皇家学会的负责人胡克是一位光学领域的权威，自视甚高。当他听到人们议论纷纷，说小牛顿寄来的新式望远镜比胡克发明的望远镜要好得多，心里非常不爽。几天后，胡克就发表了几篇论文，以居高临下的方式指出：

"牛顿提出的这些假设，没有一个是可以成立的。"

"牛顿的光学论文，很多都是抄袭我先前的论文，不过看在他年轻的份上，我不打算追究他的责任。"

因为这件事，我跑到皇家学会跟胡克大吵了好几次，但他始终觉得自己没说错。气愤之下，我当众宣布："从此我不再跟胡克说话。另外，只要胡克在世一天，我就不发表有关光学的论文。"

大洞和小洞

有一天，牛顿喂的猫生了4只小猫，为了方便大猫、小猫自由进出他的书房，牛顿召来了一位泥瓦师傅，说："请你在我书房墙脚下开一个大洞、一个小洞。"

泥瓦师傅问道："先生，为何要开一个大洞、一个小洞呢？"

牛顿平静地答道："大猫走大洞，小猫走小洞呗！"

泥瓦师傅笑着说："难道小猫不可以走大洞吗？"

此时牛顿才恍然大悟，大猫固然不能走小洞，而小猫是可以走大洞的啊！他有些不好意思地自言自语道："每个星球都有自己特定的运行轨道，我以为猫也是这样的……"

牛顿立即采纳了泥瓦师傅的合理化建议，决定只开一个大洞就够了。

天神的怒火

超级小档案

发现时间：1752年。

发现地点：美国费城。

魔法指数：用实验揭示了闪电的奥秘，发明了避雷针。

主讲科学家

美国科学家本杰明·富兰克林

　　小时候因为家里穷，我小学毕业就跟着哥哥到印刷厂当学徒，这倒使我有机会读到许多最新的书。我见大人们写稿办报，觉得有趣，就自己也写了稿件，夜里偷偷塞到编辑部的门缝里，署名为多古德夫人。有一段时间，多古德夫人的作品天天见报，人们纷纷议论这位才华横溢的美丽夫人，却从没见她来领过稿费。每每听人说起此事，我只笑而不语，心里说

当个作家也不过如此嘛。

一年冬天的晚上，我从外面回来，抱起熟睡的女儿吻一吻，她那柔嫩的小脸蛋竟然冻得冰凉。我心头一动，冲到地下室在一堆废铜烂铁中间敲敲打打起来，天亮时竟然发明了一种新式火炉。没多久，全城人都淘汰了过去那种散热很慢的老式壁炉，用上了我发明的新火炉。

一次在家里宴请客人，仆人们在厨房里手忙脚乱，还烤煳（hú）了好几块肉，让我很没面子。第二天，我就爬上厨房屋顶，在上面凿了一个洞，安装了一架小风车，用皮带和齿轮连着下面的肉叉，制成了一台自动烤肉机。

还有一次乘船，我看到船速太慢，就让水手们把货物往船尾移动，使船头微微抬高，果然船速大增。我还由此发现了船的快慢与吃水多少的关系呢！

可惜啊，纵然我有超人之才，但我生活在美洲大陆宾夕法尼亚州这片落后的英国殖民地上，这里没有像皇家学会那样的科学团体，也没有许多科学家同行可以互相切磋研讨，我只能一个人独自摸索。好在我平时主要忙着政治工作，搞科学研究纯属玩票。这不，我又开始鼓捣起电学实验啦！

在遥远的古代，人们一直坚信闪电是天神的怒火。他们相信，在适当的时候，闪电会惩罚那些穷凶极恶的人，让他们被雷劈死。

后来，放电现象被发现了。比如，在干燥的冬季，我们脱毛衣时，经常会看到毛衣上的点点火花，这就是简单的放电现象。虽然人们发现了放电现象，但是，并没人把闪电和放电现象联系在一起。当时很多人都觉得，天上的闪电是一种气体爆炸行为，跟地上的电流是毫不相干的。我对这种看法一直心存怀疑，为了搞清楚这个问题，我做了一个风筝实验。

　　1752年6月的一天，阴云密布，电闪雷鸣，一场暴风雨就要来临了。我和儿子威廉带着一个白色丝绸做成的风筝，来到一个空旷地带。为了导电，我在风筝上安装了一根很细的金属导电棒。风筝用绳系着，绳的末端分成两支：一支系一片铜钥匙，另一支接了一小段丝线。我高举起风筝，让威廉拉着风筝线飞跑。由于风大，风筝很快就飞上高空。刹那间，雷电交加，大雨倾盆。我和威廉一起焦急地期待着。忽然，一道闪电从风筝上掠过，绳上的铜钥匙立即发出火光。我赶紧用手靠近铜钥匙，手指立即掠过一种恐怖的麻木感。我抑制不住内心的激动，大声呼喊道："威廉，我被电击了！"

　　随后，我又将风筝线上的闪电引入莱顿瓶中。回到家后，我用储有闪电的莱顿瓶进行了各种电学实验，证明了天上的闪电与人工摩擦产生的电具有完全相同的性质，是一样的。看来，闪电不可能是天神的怒火。

风筝实验的成功使我在国际科学界名声大振。英国皇家学会给我送来了金质奖章，聘请我担任皇家学会的会员。我的电学研究取得了初步的胜利。然而，在荣誉和胜利面前，我并没有停止前进的步伐。

1753年，俄国电学家利赫曼为了验证我的风筝实验，被雷电击死了，血的代价，使许多人对雷电实验产生了戒心和恐惧。面对死亡的威胁，我并没有退缩。经过多次试验，我发明了一种使建筑物避免雷击的装置。我把一头尖尖的铁杆，用绝缘材料固定在屋顶，杆的另一头拴着一根粗导线，一直通到地里。当雷电袭击房子的时候，电就沿着金属杆通过导线直达大地，避免房屋受损。这种装置后来被叫作避雷针。

不久，避雷针开始在各地生产和推广。起先，教会曾把避雷针视为不祥之物，说是装上了我的避雷针，不但不能避雷，反而会引发上帝的震怒而遭到雷击。但是，在费城等地，拒绝安置避雷针的一些高大教堂，在大雷雨中相继遭受雷击；而比教堂更高的建筑物却由于装有避雷针，在大雷雨中安然无恙。教会的谣言不攻自破。

由于避雷针已在费城等地初显神威，它立即被传到北美各地，随后又相继传到英国、德国、法国，最后普及世界各地。

超级小链接

通古斯天火

1908年6月30日清晨，俄罗斯西伯利亚中部通古斯地区的太空中，一个巨大火球突然从天而降，火球拖着烟雾的长尾冲向地面，随后迅速爆炸，光芒夺目，呼啸百里，其威力相当于一颗原子弹。当时猛烈的冲击波把很多人推倒在地，大片的森林也被大火烧焦了。接下来的几夜，该出事地区上空都呈现出异常辉光。当地居民都被这末世之景吓呆了。

1927年2月，俄罗斯科学家库利克只身进入通古斯地区进行科学考察。尽管这场天火已过去19年了，但劫后景观依然惊人。一个跨径约50米的陨击坑，方圆30千米内的火后焦土，再往外是上千平方千米的林木四向倒伏。

科学家们猜测，通古斯天火应该是巨大陨星闯入地球大气层引发大爆炸产生的。

成也萧何
败也萧何

超级小档案

发现时间：1821年。

发现地点：英国伦敦。

魔法指数：发现并用实验证实了磁场对电流会有力的作用。

主讲科学家

英国物理学家法拉第

中国有句俗话：成也萧何，败也萧何。戴维教授就是我的"萧何"。

话说，我出生在伦敦市郊的一户铁匠家里。经营铁匠铺的父亲收入微薄，体弱多病，子女又多，小时候忍饥挨饿是常有的事，就更谈不上去读书了。

13岁那年，父亲送我到一家印刷厂当图书装订工。这个工作不太忙，空闲时间，我经常翻阅那些装订的书籍，遇到不懂的单词就问旁人。就这样，几年之后，我这个没上过一天学的睁眼瞎，居然也认识好几千个字了。

回想起来，那时我负责装订的图书大部分是数学和科学方面的书，其中让我印象最深的一本书是《大英百科全书》，读完这本书，我就爱上了物理学，心里也做起了科学家的美梦。

一次偶然的机会，我有幸在英国皇家学会聆听了大科学家戴维教授的精彩演讲，戴维教授的渊博学识和人格魅力让我赞叹不已。没过多久，我斗胆向戴维教授写了一封自荐信，表达了极愿进入科学界的强烈愿望。幸运的是，戴维教授接受了我的申请，在他的推荐下，我开始在英国皇家学会正式上班。

虽然我当时只是一名刷玻璃瓶的小工，但对于一个一天

成功

学都没上过的人来说，能在这些英国最伟大的科学家身边工作，已经是莫大的荣幸了。所以处处小心，谨言慎行，戴维教授对我非常满意。所以到了这年秋天，我就被允许进行一些关于土壤和火焰的研究，并发表了20多篇论文。

1820年，丹麦化学家奥斯特发现当导线中有电流通过时，导线旁的小磁针就会发生偏转，这说明电和磁之间是有联系的，但具体有什么联系，没人知道。

当时皇家学会的权威华拉斯顿教授对此很感兴趣，他想既然电能让磁针偏转，那么磁能不能让电流动起来呢？所以他便和戴维教授设计了一个实验，在一块大磁铁旁放一根通电导线，看它会不会旋转。可尽管用各种方法试了几次，导线都一动不动，实验失败了。这让他们很困惑，也让我对这个异常的现象产生了浓厚的兴趣。之后的几天，我独自一人躲在实验室里夜以继日地干了起来。

我想，那导线不能转动可能是因为拉得太紧，所以取来一个玻璃缸，里面倒了一缸水银，正中固定了一根磁棒，棒旁边漂一块软木，软木上插一根铜导线，再接上伏打电池。这样，铜导线、水银和电池就构成了一个闭合回路，立在水银面上的导线中会有电流通过。把电源接通后，果然那软木就轻轻地漂动起来，缓缓地绕着磁棒兜开了圈。啊，成功了！我终于证明了磁场会对电流有力的作用。

面对如此重大的发现，我得意忘形地在这间地下实验室里跳起舞来。软木轻轻地漂，我也跟着欢快地转，转了几圈后，我擦了擦头上的汗，翻开实验日记写道："1821年9月3日……结果十分令人满意，但是还需要做出更灵敏的仪器。"

或许是因为被胜利冲昏了头脑，我竟然做了一件很不明智的举动。在没有通知老师戴维和华拉斯顿的情况下，我擅自把这项研究成果发表在《伦敦科学季刊》上。这下可惹出了大麻烦。有人认为我剽窃了华拉斯顿的研究成果。难以理解的是，戴维老师明知那天华拉斯顿的实验并没有成功，也不愿意出来为我说话。一时间满城风雨，是非难辩。

不久，我又独立做成了氯气液化实验，可是在做正式报告前，戴维教授突然要求我在报告上加一段，说明这个实验是在他的指导下完成的。这时我才明白之前戴维不愿意出来证明我没有剽窃的原因。或许在他眼里，我就是一个卑微的助手，是他提拔了我，所以我必须听他的。

我是个懂得感恩的人，并不想与老师争什么功。不料，树欲静而风不止。1823年秋，因为我的一系列发现有目共睹，皇家学会的一些会员想要联名保举我为会员。这使戴维不能容忍，他私下里对旁人说："法拉第，就他一个大学都没上过的小学徒，想加入英国皇家学会，没门！"

作为会长，戴维把我入会的申请一拖再拖，直到1824年1月，皇家学会才就我的会员资格进行了无记名投票，在只有一票反对的情况下顺利通过。这一票正是戴维投的。

我和戴维的矛盾

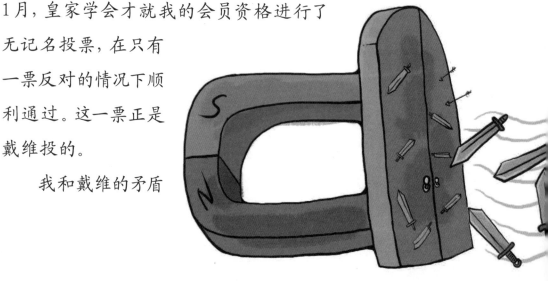

从此激化，直到他去世前才有所改善。这真的是一段不堪回首的经历啊！

永磁和永电

相传，在秦始皇造的阿房宫里，有一扇完全用磁石打造的大门，凡是有人带着铁制武器闯进宫内，磁门就会把他牢牢吸住。虽然磁门的真假已无从考证，不过，这却说明了中国古人很早就发现了永磁体的特征。至今，航海用的指南针，音箱上的扩音器，医疗用的磁疗器等，都用到了永磁体。

自然界既然有永磁体，那有没有永远带电的物质呢？早在18世纪，大科学家法拉第就认为世界上有永电体存在。不过，直到1919年，日本科学家才把它制造出来。它是用融化的蜂蜡、树脂等不导电物质放进电容器中加强电场，然后在电场中冷却凝固，使原来不导电的蜂蜡、树脂表面导电，且能长时间滞留电荷，经久不变。日本博物馆里的一块永电体存放了45年，但电量仅减少了不到20%。

与电磁结缘

超级小档案

发现时间：1865年。

发现地点：英国剑桥。

魔法指数：创立了经典电磁场理论，预言了电磁波的存在。

主讲科学家

英国剑桥大学教授麦克斯韦

我生于1831年11月13日，这正好是法拉第发现电磁感应那一天后的第33天，冥冥中似乎注定了我与法拉第一样，一生要与电磁结缘。

从小，父亲就发现了我的天赋。7岁时，他找来家庭教师教我几何和代数，启迪我的数学智慧。虽然家庭教师对我的评价不高，认为我反应迟钝、智力平庸，但父亲却始终对我充满信心。

16岁时，我考入爱丁堡大学，后又转入剑桥大学数学系。1854年，我以学院第二名的成绩毕业，获得了留校任职的机会。

这时，我对电磁学产生了浓厚的兴趣。某天，我无意中读到了法拉第的名著《电学实验研究》。他在书中记载了一个巧妙的实验：把铁粉撒在磁铁的周围，铁粉会呈现有规则的曲线，法拉第称之为"磁力线"，而布满磁力线的空间就是磁场。这些新颖的概念和解释将我深深吸引，于是开始电磁学方面的研究。

1855年，我发表了《论法拉第的磁力线》，用一个数学方

程描述了电流周围的磁力线，这使我获得了学术界的肯定。

后来，父亲帮我在离家不远的马来查尔学院提交了求职申请。几周后，我被马来查尔学院录用了。可惜好景不长，1860年春，马来查尔学院被另一家学院合并了，因为人员精减，我丢了饭碗。

失业是可怕的，我试图到母校爱丁堡大学应聘，可是面试时，因为我讲课声音小，且不生动，我落选了。正在走投无路之时，一封伦敦的来信救了我。信是大科学家法拉第写的，他邀请我到伦敦皇家学会工作。

在一个晴朗的午后，我与法拉第在伦敦见面了。当时，法拉第已经是79岁高龄了，但他依旧是那么和蔼可亲，他问我："你就是写论文谈我的磁力线的麦克斯韦先生吗？"

"是的，前辈，恳请您指正我论文中的错误。"我紧张地说。

"这是一篇出色的论文，看得出你的数学水平比我好得多。"法拉第想了想说，"可是，你不应该停留在仅用数学方程解释它，而应该突破它。"

"突破它！"法拉第的话大大

鼓舞了我，我立即以更大的热诚投身于新的战斗，我要把法拉第的研究向前推进一步。

1862年，我发表了第二篇电磁学论文《论物理的磁力线》，明确提出"变化的电场产生磁场"的思想，这是电磁学上继法拉第电磁感应提出后的另一项突破。

1865年，我发表了论文《电磁场的力学理论》，在总结前人经验和自己研究的基础上，我证明了变化的磁场可以产生电场，变化的电场可以产生磁场，交互变化的电场和磁场就形成了电磁波。这比法拉第的理论又更进了一步。

突破它！

　　而且，我发现电磁波的传播速度正好等于光速。于是，我大胆预言："世界上存在一种尚未被人发现的电磁波，它看不见、摸不着，但是却充满整个空间，光也是一种电磁波。"所以这一年被认为是电磁理论的诞生年。

　　又过去了好几年，我忙于创建卡文迪许实验室的工作，而我所预言的电磁波也未被人捕捉到。于是有人议论纷纷："这么多年了，电磁波还没有被发现，莫非那个麦克斯韦是个骗子……"对此，我都一笑置之，毕竟，理论总是超前一步的。牛顿在1687年提出了万有引力定律，据此理论，勒维烈于1846年才找到海王星，整整过了159年。我相信，电磁波的发现肯定不会等那么久。

超级小链接

发现电磁波

1888年，在德国柏林，一位叫赫兹的年轻物理学家通过实验发现了电磁波。

他将两个金属小球调到一定的位置，中间留一小段空隙，然后给它们通电。这时两个本来不相连的小球间却发出吱吱的响声，并有蓝色的电火花一闪一闪地跳过。不用说，小球间产生了电场。那么按照麦克斯韦的方程，电场激发了磁场，磁场再激发电场，连续扩散开去，便有电磁波传递。

为了验证有无电磁波，他在离金属球4米远的地方放了一个有缺口的铜环，如果电磁波能够飞到那里，那么铜环的缺口间也应有电火花跳过，果然那圆环缺口上蓝光闪闪，这说明发射球和接收环之间有电磁波在运动了。

麦克斯韦的预言得到了证实，从法拉第到麦克斯韦再到赫兹，终于将电磁波的伟大发现完成了。

神秘莫测的射线

主讲科学家

德国维尔茨堡大学教授伦琴

我的发现并非纯属偶然，它是前人研究成果的继续。

1650年，一位德国物理学家发明了真空泵，从此之后，真空技术被引入实验室，科学家们得以在接近真空的稀薄空气中做电学实验。人们发现，稀薄空气里的电弧比普通空气里的长，如果把放电管抽成真空，再充进去各种不同的气体，就会发出不同颜色的光。

后来，英国物理学家克鲁克斯发现，在玻璃管内装上金属电极，加上几千伏的高压，然后把管内空气慢慢抽出。当管内空气变得十分稀薄时，从阴极会发出某种看不见的射线，人们称之为阴极射线，这种玻璃管则被称为阴极射线管。

1895年11月8日下午，我像平时一样，正在实验室里专心做实验。我把一支阴极射线管用黑纸严严实实地包裹起来，然后把房间弄黑，接通电流后发现黑纸并没有漏光，等到关掉电流，突然眼前似乎闪过一丝蓝绿色的荧光，再一眨眼，又是一团漆黑了。刚才射线管明明是用黑纸包着，涂有亚铂氰化钡的荧光屏上怎么会有荧光呢？

我感到非常吃惊，因为根据经验，阴极射线的穿透力很弱，连几厘米厚的空气都难以穿过，又怎么能穿过我包在射线管外的厚厚的黑纸

X光之父

呢?我再一次接通电流,荧光屏上再一次出现了蓝光。断开电流,蓝光也随之消失。我隐隐约约感到一阵激动,因为这种现象从来没人报道过。我忍不住大胆猜测:这或许是一种尚未发现的射线。

我又托起荧光屏,沿着射线的方向按照不同的距离前后挪动位置,可那丝蓝色的荧光始终没有消失。看来,这种射线受距离影响较小,那它除了空气还能穿透什么呢?于是,我分别用木片、橡胶片等放在射线管和荧光屏之间,结果荧光屏上的蓝光始终都在。直到我换了一张薄铅片时,蓝光消失了,看来,铅能挡住这种射线。并且现在可以肯定这是一种新射线了,可是到底是什么射线,又有何用,我却一无所知。为了表达我当时的激动心情,我选用数学中表示未知数的"X",把这种新射线命名为"X射线"。

在接下来的几周内,我一直待在实验室研究这种未知射线的性质。其间,当我试图给实验现象拍照时,发现冲洗出来的底片都是一片空白,这说明照相底片被这种射线曝光了。看来,利用X射线可以给一些物体拍照。

不知不觉,圣诞节快要来临了,妻子看我整日夜不归宿,还以为我有了外遇呢!一天,她忍不住悄悄来到实验室,当看到我疲惫的脸色和满脸的胡须后,她心疼坏了,问我怎么不

回家。我上前把她带到实验台前，笑着说："亲爱的，来看看我的新发现。"

我把她的手轻轻地放在照相底片上，然后将阴极射线管对准她的手，过了一段时间，放在另一侧的感光板感光了。就这样，第一张以人手为原型的X射线照片诞生了。她看到这张清晰地印着自己手部骨骼的照片感到极为震惊，指着照片上的一个圆环问我说："这是什么？"

我笑着回答："这是我们的结婚戒指啊！"我俩顿时

哈哈大笑起来。

就这样，X射线被发现了。根据这些研究成果，我以严密的文笔，分16个专题写成了科学论文《关于一种新的光》。这篇论文发表后，立刻在物理学界引起了轰动，在不到一年的时间里，相继有一千多篇相关论文发表。

1896年1月5日，在柏林物理学会会议上展出了许多X射线的照片。同一天，维也纳的《新闻报》也报道了发现X射线的消息。这一伟大的发现引起了世人的极大关注，传遍了全世界。

在我发现X射线后不久，它就迅速被应用于医学影像。1896年2月，在英格兰的英国皇家医院设立了世界上第一个放射科。这是医学上的一个专门领域，可能是X射线技术应用最广泛的地方。通过X光片，不仅可以探测骨骼的病变，也可以观测软组织的病变，如肺炎、肺癌等肺部疾病。

射线对人类胎儿的影响

医院里X射线检查时所释放的辐射，是非专业人员可能接触到的辐射的主要来源。这也就是说，目前普通人在日常生活中所接触到的辐射主要来自医疗辐射。

辐射对人体，尤其是对人类胎儿具有巨大的伤害。二战中遭受核弹袭击的日本广岛和长崎两地居民的状况就是典型实例。这两个地方在美国投下原子弹之后出现的胎儿畸形情况最为骇人听闻，那里的儿童白血病的病例大幅增加。这是辐射伤害胎儿的证明。当然，用于医疗的X射线的辐射大大低于核爆炸的辐射危害，不过，两者对胎儿的伤害原理类似。

所以，孕妇需要重点防辐射，原因是辐射能量大，能使人体分子产生电离，可能对还未成形的胎儿的细胞造成伤害，引起死胎或畸形，或增加日后患癌症的概率。

X射线是一种波长很短、穿透力很强的电磁波，如果被X射线照射过多，就可能产生放射反应，甚至受到一定程度的放射损害。所以为了胎儿的健康，孕妇不宜照X光。如果确实有需要，孕妇可在医生指导下做相应检查，一般针对胸部和四肢的X射线照射对胎儿的影响相对较小。

以太的迷雾

超级小档案

发现时间：1887年。

发现地点：美国克利夫兰。

魔法指数：用实验证实了以太不可能存在。

主讲科学家

美国科学院院长阿尔伯特·迈克耳孙

自从发现水波的传播需要水、声波的传播需要空气，物理学家们就想当然地以为太阳光的传播也需要某种介质，这种介质被称为"以太"。

以太并非新名词，早在古希腊时期，亚里士多德就提出，世间万物皆由水、火、土、气四种元素组成，而天则由第五元素"以太"组成。后来，随着"四元素说"被推翻，以太就逐渐被人们遗忘。以太首先是哲学概念,而物理学家总是期望将它变成物理学概念。17世纪的笛卡尔是一个对科学思想的发展具有重大影响的哲学家,他最先将以太引入科学,并赋予它某种力学性质。在他看来,物体之间的所有作用力都必须通过某种中间媒介物质来传递,因此空间不可能是空无所有的,它被以太这种媒介物质所充满。也就是说,虽然以太不能被我们的感官所感觉,但它却能传递力的作用,如磁力和月球对潮汐的作用力。之后根据牛顿的发现,以太充满整个宇宙,无所不在,无色无味,绝对静止,宇宙中的天体相对以太在做

运动。这一度成为物理学界的共识。可惜，始终没人能用实验证明以太的存在。我曾是以太学说的忠实信徒，但是，一场科学报告让我对此产生了怀疑。

1884年，那个治学严谨、不轻易外出讲学的大科学家汤姆孙终于到美国来作报告了。报告那天，科学界人士济济一堂，大家纷纷挤到汤姆孙面前七嘴八舌、问这问那，自然也提到了那个玄妙的以太问题。汤姆孙搓着手说："以太到底是啥东西，现在还不清楚。我们只知道地球是以每秒30千米的速度绕太阳转，那么迎面就应该有一股'以太风'不断吹来。如果谁能检测到这股'以太风'的存在，也就证明了以太的存在。"

听到这番话，我心中一动，回来就开始琢磨起"以太风"来。我想到，地球就好比一叶扁舟以每秒30千米的速

度在以太海洋里航行，我如果把一束光分成两束，分别向顺着以太风的方向和垂直于以太风的方向发射，这就好像有两个在河里游泳的人，一个横渡河流，一个顺流而下，这样一来，他们的速度肯定会有不同。同样的道理，这样两束光的速度也肯定会有所差别，进入目镜后就能形成干涉条纹。如果将仪器旋转90°，因为两束光所处的位置恰好对调，会形成另一种干涉条纹。

于是，我和莫雷一起设计了一个迈克耳孙干涉仪，它可以把一束光分成两束，再将两束光射向两个不同的方向，最终再返回目镜。通过目镜观察光线的干涉现象就可以确定光速的差别了。

我们在一年四季的所有日子，以及一天的白昼和夜晚同时观测，还把仪器搬到高山上、山洞里、山谷里，甚至让它随着氢气球升到高空中去检测，但还是观测不到预期的条纹变化，连千分之一的移动也没有。这真是"上穷碧落下黄泉，两处茫茫皆不见"啊！结果只有两个：要么是地球根本就不会动，要么是以太这东西压根儿不存在。

地球不会动让人无法理解，因为在整个太阳系里，天体之间都是相对运动的，而且天体本身也都有自转现象，所以地球绝对不会是宇宙间唯一一个相对以太静止不动的天体。况且，天体运动经哥白尼提出到牛顿最后证明，已经成为科学界的共识，是绝对不会错的。相比而言，以太说有错误倒更合理，看来，宇宙间压根儿就不存在什么以太。

我本来是要以精确的实验来为以太的存在提供证据，不想适得其反，却从根本上否定了以太。一个小小的实验居然戳破了人们想象中的宇宙，这是我所始料未及的。

我的实验结果一宣布，立即在物理学界引起了一场轩然

大波，因为以太一旦被否定，就意味着已经伴随人们200多年、指导物理学家做出无数发现的牛顿力学失灵了，经典物理学金碧辉煌的大厦居然出现了裂缝，这是很多人所无法接受的。于是，荷兰的洛伦兹、法国的彭加勒等物理学权威，

先后提出了拯救以太说的种种修正方案，总希望我的实验能有另一种解释，然而，这一切最后都被证明是徒劳的。

不愿指导研究生的人

　　话说，迈克耳孙用干涉仪测得光速不变原理而蜚声四海。但是他却是个不太情愿指导研究生的人。有一次，他写信表示要把自己名下的所有研究生转给另一位著名的物理学家密立根。理由如下：

　　当我把我提出的问题交给我的研究生后，他们往往会把问题给搞糟，因为他们没有能力来完成我交给的任务，而且，当他们得到了好的结果的时候，就立即开始想这个问题是他们提出的，而不是我（提出的）。

　　事实上，知道什么问题值得去攻克，与只是实行下一步相比，要重要得多。所以，我不愿意再为指导研究生的论文而分忧。请您来管理我的研究生吧，随您怎么管都行，只要您觉得可行。为此，我将永远欠您一份人情。

吵出来的发现

主讲科学家

英国剑桥大学教授约瑟夫·汤姆孙

任何新发现的诞生必然面临着极大的压力和挑战，你必须拥有一颗坚定的心和一股顽强的斗志，此外，还需要一点斗争艺术。这就是我在电子发现历程中的经验之谈。

在我进入剑桥大学的前一年，就听说我的老乡克鲁克斯发明了阴极射线管。据说这种阴极射线的样子、性质跟光非常相似，但是，当克鲁克斯把磁铁放到阴极射线旁边的时候，阴极射线飞行的路线受到了磁铁的影响，竟然发生了弯曲！这可把克鲁克斯惊呆了，如果是光，就不应该受磁铁的吸引而发生弯曲。

不久，克鲁克斯又设计了一个精彩的实验，他在射线管内放了一架灵巧的小风车，阴极射线打在风车上，会把小风车"吹"得呼呼直转。我觉得，既然阴极射线可以把小风车吹得转动，那么它绝不可能是一种光，因为光是不可能让风车转动的。这么看来，阴极射线应该是一种带负电的粒子流了。

但是，德国的物理学权威赫兹却坚

持认为阴极射线是一种电磁波，他亲自做了阴极射线在平行电容器内的实验，发现射线并没有弯曲，这符合电磁波的特征。不久，另一位德国物理学家勒纳做了一个更妙的实验，他在阴极射线的玻璃管上开了一个小窗口，窗口用一片很薄的金属箔封住，然后控制阴极射线朝"窗口"飞去。结果表明，阴极射线可以穿过金属箔，飞到玻璃管外面，这种穿透性符合光的特征，因为光可以穿过玻璃射进屋内。要是阴极射线是一种粒子流，怎么可能穿过金属箔呢？

虽然赫兹和勒纳的实验对我的观点很不利，但是他们也无法解释为何阴极射线会在磁场内弯曲。我就抓住这一点，不肯向这两人屈服。我决定用精密仪器重新做赫兹的实验。

在实验中，我借来了一套新生产的真空仪器，可以把射线管内的空气抽得更干净，当我完

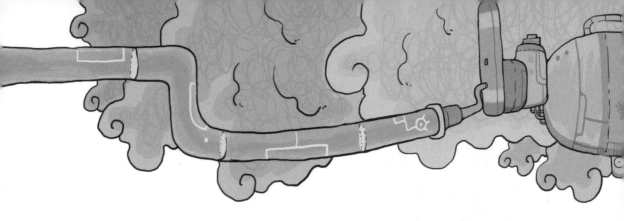

成抽气工作后，奇迹出现了：阴极射线果然发生了弯曲。看来，赫兹先生在实验时没把空气给抽干净。

唉，虽然击败了赫兹，可是这些带点的粒子怎么能穿过金属箔片呢？我百思不得其解。

当时，人们认为原子是不可再分的最小粒子，我据此猜想阴极射线是由一些带负电的原子组成的。这一猜想立刻遭到不少科学家的猛烈批驳。反对者说，如果阴极射线是带电原子，那么飞到阳极后，必然会在阳极找到这些原子。这就好比有人用水枪朝你射击，你的衣服上一定可以找到水。但是，无论我用什么精密的方法，在阳极板上始终找不到多出来的原子，这宣告了我的猜想是错误的。

一时间，无数的嘲讽和谩骂开始向我袭来。但这些嘲讽不但没有让我退缩，反而激发了我的斗志。我忽然想到了一个妙计：先让阴极射线在电场中弯曲，再让它们在磁场中反方向弯曲，通过调控磁场强度，结果这些阴极射线竟然能不偏不斜地飞向阳极。根据麦克斯韦的电磁理论，我计算了这种平衡条件下阴极射线粒子的质量，结果让我大吃一惊：阴极射线

里神秘粒子的质量几乎只有最轻的氢原子质量的两千分之一。这就意味着，原子并非最小的粒子。这可是以前从未有人报道过的新发现呀！

为了保证万无一失，我开始从早到晚在实验室里埋头苦干，一心要做出具有说服力的结果。我选用金、银、铜、铁等不同的金属做成阴极板，又在放电管内充进不同的微量气体。结果表明，在不同的情况下，测得的这种阴极射线粒子的性质都完全相同，这说明，大多数物质中都存在这种微小粒子，它比原子更小。

我兴奋极了，迅速向外提出宇宙中还存在比原子更小的粒子，这就是后来众所周知的电子。后续的实验表明，电子块头小重量轻，被归为亚原粒子中的轻子类。电子的直径只有 5.6×10^{-13} 厘米这么小，把 5 万亿个电子一个接一个排成一列，也只有 1 厘长。电子是如此之小，这也就完美地解释了为何电子可以透过勒纳的金属箔了。

电子是我们人类发现的第一个亚原子粒子。正是由于发现了电子，人类才打开了原子世界的大门。我个人也因为在

电子发现方面的重大贡献,获得了1906年的诺贝尔物理学奖。看来,我得感谢那些反对我的人,没有他们,或许电子的发现会延缓好几十年,我个人在物理学上也不可能有这样大的成就。

父子汤姆孙的异同

乔治·汤姆孙一直是父亲约瑟夫·汤姆孙的忠实追随者。然而,一个革命性学说打破了他的忠诚,这就是法国科学家德布罗意提出的波粒二象性。他第一次对父亲的理论产生了质疑。

父亲曾教导他电子是粒子,但他却用实验成功地证明了"电子是波"。当他向父亲汇报自己的成果时,父亲说:"孩子,电子是粒子,我正是因为这一发现才获得诺贝尔物理学奖的,你是我的儿子,是我的最爱,但是我仍旧没法接受你由数据得出的'电子是波'的结论,因为这些数据无法推翻电子是粒子的结论,想必其中一定有错,你再琢磨琢磨吧!"

小汤姆孙在父亲的劝告下,经过再次确认,最终用实验证明了电子在晶体中的干涉现象,并最终获得了1937年度的诺贝尔物理学奖。

欣慰 和遗憾

主讲科学家

法国物理学家皮埃尔·居里

我就是那位国际名人居里夫人的丈夫。俗语有云："一位成功男人的背后，都有一个伟大的女人。"对我而言，这句话就是："成功的居里夫人背后，有一位伟大的男人。"

话说，我从小就对物理学有着浓厚的兴趣。1880年的一天，我和哥哥通过实验发现石英晶体在受到压力的情况下会产生静电，这被称为压电效应。后来，我们根据这一发现设计

了一种用于精确测量微小电量的仪器——压电石英静电计。这台仪器对我和玛丽（即居里夫人）后来的放射性研究工作起了关键性的作用。

1883年，我成了巴黎理化学校的实验室主任。几年后，我发现了顺磁物质磁化率与绝对温度之间成反比的规律，学界把它命名为"居里定律"，我也因此获得了博士学位。

1894年，我与来法国留学的波兰姑娘玛丽相遇，我俩一见钟情，在第二年，我们就结婚了。两年后，玛丽通过了学位考试，和我一起在理化学校的实验室里工作。

这期间，一系列物理学新发现迅速涌现。先是德国的伦琴发现了X射线，接着法国的贝克勒尔又发现了铀盐能发射一种新的从未观测到的铀射线。而当时，玛丽正忙着选择一个合适的博士论文选题。我建议她说："亲爱的，铀射线是一个全新的发现，很值得研究。"在读过贝克勒尔的关于铀的放射性的报告后，玛丽毅然决定接受我的建议。

1896年底，我帮玛丽在理化学校找了一间小仓库做实验室，可是，实验一开始，困难就来了。话说，贝克勒尔虽然证明了铀的放射性，可是其他物质有没有放射性？它们的强弱又有什么差别呢？这些问题连贝克勒尔也没法回答。传统的检验放射性强弱的方法是看射线能否使底片感光，并对比感光的强弱来确定放射性的大小，但是对差别很小的放射性物质是根本没法判断的。玛丽整日陷入沉思，坐卧不安。一天，在忙完教学的事情后，我到实验室看她：

"亲爱的，遇到什么难题了呢？"

"就是缺少一件灵敏的仪器，能准确检测出物质的放射性强弱，这样才能展开进一步的研究。"

"这也难怪，放射性这东西也是去年才发现的嘛，怎么会有人给它设计测量仪器呢？看来这得我们自己动手呢。"

"可是，这东西看不见也摸不到，感光法又不够精确，该怎么去测呢？"

"你别急，咱们都仔细想想，总会有办法的。"

当夜，我坐在自己的电学实验室里，陷入深思。无意之间，我抬头看到放在实验台上的那架压电石英静电计。这使

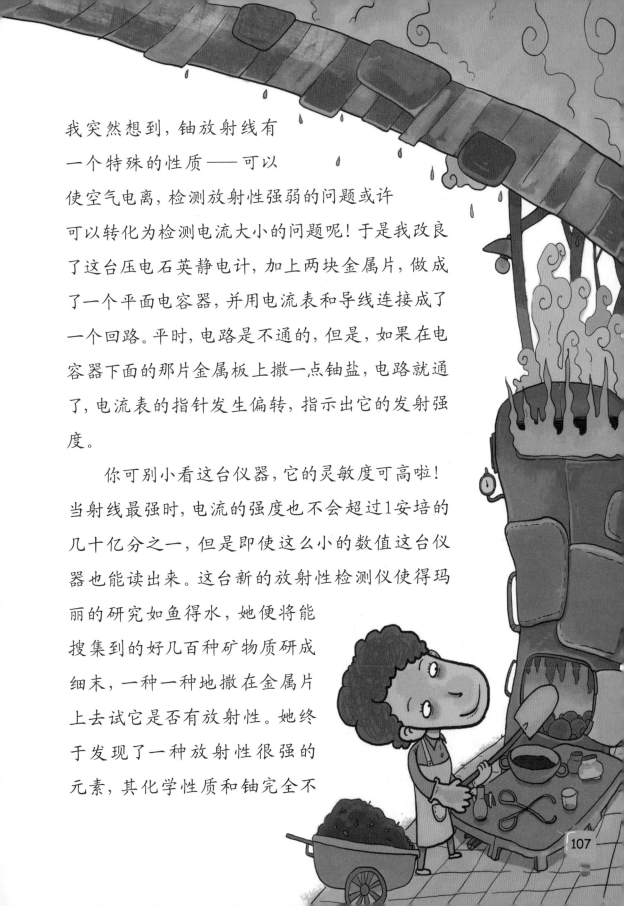

我突然想到，铀放射线有一个特殊的性质——可以使空气电离，检测放射性强弱的问题或许可以转化为检测电流大小的问题呢！于是我改良了这台压电石英静电计，加上两块金属片，做成了一个平面电容器，并用电流表和导线连接成了一个回路。平时，电路是不通的，但是，如果在电容器下面的那片金属板上撒一点铀盐，电路就通了，电流表的指针发生偏转，指示出它的发射强度。

你可别小看这台仪器，它的灵敏度可高啦！当射线最强时，电流的强度也不会超过1安培的几十亿分之一，但是即使这么小的数值这台仪器也能读出来。这台新的放射性检测仪使得玛丽的研究如鱼得水，她便将能搜集到的好几百种矿物质研成细末，一种一种地撒在金属片上去试它是否有放射性。她终于发现了一种放射性很强的元素，其化学性质和铀完全不同……种种理由使我们相信，这是一种新的具有放射性的元素，我们将其命名为"钋"，以纪念玛丽的祖国波兰。

钋的发现轰动了学界，也让我决定中断自己的研究，与她合作共同寻找隐藏的未知元素。功夫不负有心人，1898年底，我们又发现了新的放射性元素镭。但是因为不能提供纯净的镭盐，很多人不相信我们的研究结果。为了排除这种质疑，我们决定提纯出纯净的镭盐。

新的工作开始了，我负责分析镭的物理性质，玛丽则负责焚烧搅拌矿渣，从中提取纯镭盐。我们整整花了4年时光，终于在1902年底从近90吨矿渣中提炼出了0.1克纯氯化镭，并测定出镭的相对原子质量是225。

镭的发现使我俩成为全世界的焦点人物。更让人惊喜的是，1903年底，我俩和贝克勒尔一道分享了该年度的诺贝尔物理学奖。

能够跟玛丽一起取得如此伟大的发现，让我备感欣慰。可是，巨大的成就却是以健康的代价换来的。由于

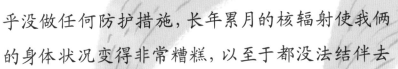

之前不知道放射
性辐射对人体的危
害，我俩在实验时几
乎没做任何防护措施，长年累月的核辐射使我俩
的身体状况变得非常糟糕，以至于都没法结伴去
瑞典领取当年的诺贝尔奖章。这是我觉得最对不起玛丽的地
方，也是我最大的遗憾，或许当年我不建议玛丽来研究放射
性元素，情况就会好些……

超级小链接

淡泊名利

　　皮埃尔·居里是一位不图虚名的人。当巴黎大学校长写信征求是否可
以把他的姓名编入贤人馆（此馆为拿破仑创建，只有对法国有特殊贡献的
人才能名列馆内）时，居里表示对这些名誉丝毫不感兴趣，他更需要的是
一间实验室。

　　居里曾在法国科学院欢迎他入院的仪式上，发表了一段发人深省的演
讲："我早就发现科学院诸君并不希望我位列其间。而我呢，压根对这个表
面上冠冕堂皇的科学院没啥兴趣。"话说昔日，居里夫妇为了购买提炼镭所
需要的沥青矿，变卖了所有值钱的家当，到处借债遭人白眼，而法国科学院
从未伸以援手。当居里夫妇衣食困难、忍受着疾病的摧残研究放射性元素
时，法国科学院也没有表示过丝毫的关心，无怪乎居里要在仪式上说那一
通话呢！

揭开原子的面纱

主讲科学家

英国曼彻斯特大学教授欧内斯特·卢瑟福

我出生在新西兰一个偏僻的小村庄——泉林村。

小时候，我常和伙伴们上山去放牛，或下海捕鱼……新西兰壮丽的景色和艰苦的田园生活，造就了我高大健壮的身体和坚韧的性格。而潮涨潮落间，那大自然的奥妙不断地启发着我的好奇心，所以我总是向往能解释宇宙，向往发明，向往创造。

1889年，我勇敢地报考了新西兰大学。之后有一天，我正在菜地里挖土豆，母亲突然气喘吁吁地跑来，边挥手边大喊道："孩子，你考上了！考上了！"

就这样，我成为村里第一位大学生。大学期间，我亲自动手制作了一台灵敏的检波器，并发表了电磁学的论文。凭着这几篇论文，大学毕业后，我获得一笔可观的奖学金，得以到远在英国剑桥大学的汤姆孙教授领导的卡文迪许实验室攻读研究生。

从新西兰的小农村来到英国剑桥这座学术之城，我一身土气还没有退去。大都市来的同学都有点瞧不起我，他们看我穿衣乡土，又只知道埋头读书，便给我起了一个绰号——一只光会挖土的野兔子。

　　一天，我正在屋里看书。这些同学从外面逛街归来，无意中看到我桌上有两个从未见过的检波器，那手工之精细令人叹为观止。这是一根全长仅六英寸的金属线缠绕八十匝而成的线圈，中心一根钢针，长不过1厘米，直径只有1毫米的百分之七。几天后，我用这个检波器在半英里外检测电波，证明了电波可以穿过闹市区、穿过人体和厚墙。这件事使汤姆孙教授对我另眼相看，他说："在卡文迪许的所有学生中，还没有一人对研究的热情能比得过卢瑟福的。"

　　当时，汤姆孙教授正在研究阴极射线，并且已经找到了电子。居里夫妇发现了放射性的镭，并且正在全力以赴地提炼它。电子也好，放射性也好，伦琴发现的X光也好，这些发现

都将人们的视线引向一点——原子内部到底还有什么？汤姆孙教授觉得研究检波器并无太多前途，建议我研究原子结构问题，我欣然应允。

探究的第一步就是抓住镭放出的射线，弄清它到底是些什么，就可以顺藤摸瓜追踪原子内的秘密了。

我设计了一个实验，用一个铅块，钻上小孔，孔内放一点镭，这样射线只能从这个小孔里发出。然后我将射线放在一个高压磁场里。奇怪的现象出现了，一束射线立即分成三股，一股靠近北极偏转，一股靠近南极偏转，还有一股不偏不倚一直向前。我一一给它们取了名字，分别叫α、β和γ射钱。

经过一番检测，我发现β射线原来跟阴极射线一样，就是汤姆孙老师发现的电子流。不过阴极射线是在真空放电时从阴极表面发射出来的，而β射线是原子内部直接发出的，速

度接近光速，且穿透力很强。

α射线和β射线相反，粒子带的是正电荷，质量大，速度小，穿透能力弱。

γ射线不带电，在磁场中不偏转，它有点类似于伦琴发现的X射线，但频率更大。

看来，19世纪最后十年的两大发现在我这一个实验里全部得到解释。汤姆孙发现的电子流就是我左手中的β射线，伦琴的X光就是我右手中的γ射线，而贝克勒尔、居里夫妇千辛万苦发现的放射性元素却不过是α、β、γ这三个希腊字母。至于镭为什么会发光发热，那是因为它在自己放出能量做功呢！

这些重要发现为我后来提出的原子结构模型奠定了坚实的基础。

助手的苦笑

卢瑟福是一个严肃认真的人，为了争取实验时间，他往往废寝忘食。

有一次，他带着助手正在做实验，忙了一阵子，实验做成功了，卢瑟福读着反应器中硫化锌的闪烁读数，激动地对助手说："快，快记下来！"

"咦，实验记录本呢？"助手跳起来环顾四周，忽然想起记录本被自己落在另外一个实验室里，他正要去拿，不料卢瑟福阴沉着脸，厉声喝道："记在你的袖子上，快……"

惊慌的助手只能在袖子上写起来了。

事后，卢瑟福看见助手的衣服给弄脏了，忙说："真对不起啊，但时间紧急，我也没有办法！要是当时不记下来，我们的实验就得从头来过，那浪费的药品和时间就太多了。"

助手点点头，脸上露出一丝苦笑。

时空
新概念

超级小档案

发现时间：1905年。

发现地点：瑞士伯尔尼。

魔法指数：提出了狭义相对论，彻底改变了人类固有的时空观。

主讲科学家

美国物理学家爱因斯坦

发现狭义相对论时，我还只是伯尔尼瑞士专利局的一个小职员。

在那里，一天的工作，我往往半天就忙完了。下午的空闲时间里，我就会仰坐在椅子上思考最新的物理学问题，不时在废纸片上进行一些复杂的数学计算。如果上司来了，我就会立即假装鉴定那早已鉴定过的技术设计。就这样连续做了几年"业余研究",也没被上司们发现。

那一时期所有的计算和研究都是我个人完成的,而唯一见证这一伟大发现的只有我和我的太太。

当日早上,我没有像往常一样穿着真丝睡衣下楼吃饭,太太觉得奇怪,就上楼问我到底怎么了。

我痴痴地说:"亲爱的,我有了一个新想法。"

喝完咖啡后,我走到钢琴前开始弹奏起来,其间,几次停下来在纸片上记录一些东西,然后反复地说:"这个惊人的想法要证实起来是很困难的,我仍需要进行研究。"就这样过了半小时,我走进书房,并且叮嘱太太别打扰我。

整整两个星期,我一直宅在书房里。一日三餐由太太送给

我，只有在傍晚时，我才走到小河边散一小会儿步，然后回来继续埋头苦干。

当我终于从书房走出来时，面容憔悴，目光呆滞。我把两张纸片递给了太太——纸上写的就是狭义相对论。这是一种从未有过的时空观念，跟以往人类的认识完全不同。

科学史上，牛顿最早提出了一个相对科学的时空观，他认为，空间和时间都是绝对的，两者毫无关联，也就是说，物体的位置与时间是没有关联的。一个与之相关的生活常识是，我们每个人都生活在地球上的不同位置，高低胖瘦不同，速度也可能不同，但无论怎样，我们都生活在同一时间里，正如我们全体美国人是一起过圣诞节的。

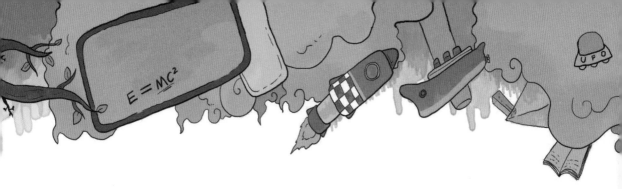

可是，根据我的狭义相对论，每个人都有自己的时间，这个时间跟你的运动速度有关。一个物体的运动速度越大，则其时间的流逝就越慢，当一个物体的运动速度达到光速时，那么它的时间几乎就是静止的了。地球上的我们之所以感觉具有同一时间，只是因为我们的运动速度太小了。有这么几个例子：

假如，你有一盒磁带，在家里放入录音机，恰好1小时放完，即使你坐在飞机上，或者潜水到海底，磁带都会在1小时内放完。可是，假如你坐在接近光速运动的宇宙飞船里，你会发现磁带播放完了，可钟表的指针才过了几分钟。这是不是很神奇啊！

再假如，一位20岁的青年要去太空探险，在跟自己的18岁女友吻别后，他驾驶接近光速的飞船前往遥远的织女星。一晃50多年过去了，当青年返回地球时，却发现女友已经是白发苍苍的老妇，而他自己仍然年轻英俊，大了2岁不到。

我还胡诌过一个相对论的解释来应付喋喋不休的记者先生们：假如，让一个帅哥和一位美女在一起待上1小时，他会感觉像1分钟那么短；但如果让帅哥坐在火炉子上1分钟，他会感觉这1分钟比1小时还要长。哈哈，这就是现实版的相对论了！

除了时间是相对的，在狭义相对论里，空间也是相对的。例如，一把1米长的尺子，在高速运行的飞船里，它就会变短。

我一度为我能发现时间的相对性而沾沾自喜，可是，几年前一位中国科学家的话让我惊叹不已。他告诉我，中国宋代古籍《太平广记》记载着一个神奇的故事：

东晋末年，一位书生在一个山洞里碰到两个仙翁在下棋，仙翁身旁的少年说："两个仙翁都是夏朝的圣贤，他们当

年为躲避夏朝的国君桀的暴虐无道来到这里，因修行而得道成了神仙。我是汉朝人，当年因为向他们请教《易经》中的一些疑义来此，于今已经有几百年了。"两人下了几盘棋后，天黑了，书生回家后，发觉洞外的世界已经过了好几百年，换了几十代了。这就是所谓的"洞中方一日，世间已千年"。

看来，中国古人在1000多年前已经意识到时间的相对性了。

中国情结

爱因斯坦作为犹太人，对中国有着一种特殊的情结，除了因为中国人和犹太人一样，有着悠久的传统和绵延的文化传统外，中国还是当时少有的愿意接受犹太移民的国家，这让爱因斯坦特别感动。

1922年11月13日上午10时，爱因斯坦夫妇抵达上海，上海科学界热情地接待了他们，请他们到上海"大世界"听昆曲，接着又游赏了城隍庙、豫园和主要街道。

根据当时的报纸记载，尽管只有短短一天，爱因斯坦夫妇还是陶醉于上海的美景、空气、美食和烟草。

我的童年

主讲科学家

美国物理学家爱因斯坦

据说，童年能决定人的一生，因为世界给我们的最初图像就是在这时出现的。那么，今天就讲一讲我童年的趣事吧！

我出生在多瑙河畔的古城乌尔姆，那里古色古香，显得安静而美丽。4岁时，父亲送给我一个罗盘做礼物。这个玩意儿可好玩了，不管我怎样转这个雕刻着奇怪符号的盘子，中间那根细长的红色磁针一直指着一个方向。爸爸说："这叫罗盘，

它一直指的那个方向是南方，在海上航行的船只就靠它来判断方向。"

5岁时，我到一所教会小学读书。当时我有口吃的毛病，因此得了个"笨鸟"的绰号。一次上手工课，老师吩咐同学们各做一个小板凳。下课了，同学们争先恐后地拿出自己的作品交给老师，唯独我没有做好。老师看到了冷冷地说："拿到家晚上做吧，大家都叫你'笨鸟'，真是名副其实呀！"那时候的我有着严重的厌学情绪，意志消沉，记忆中尽是屈辱和讽刺。

如果要说小学期间一件让我开心的事，那么应该是拉小提琴了。从6岁起，我就开始学小提琴，对音乐有颇高造诣的妈妈也常给我讲解这方面的知识。我的心灵在旋律、和弦的进行中，进入了一个美丽和谐的音乐世界，就像我们看到日月运行和四季交替时感受到的美丽和谐一样。小提琴成了我终身的伴侣，成了我心灵的天堂。

　　10岁时，我进了慕尼黑最有名气的路提波德中学。这期间，父亲请了一位名叫麦克斯的大学生来辅导我的功课。这位"启蒙老师"常常会拿一些通俗的数学读物给我看，看完后就和我讨论，然后再给我新的读物。这对我帮助很大，以致13岁时，我已经开始自学微积分了，而我的同班同学还正在为那些平面几何问题皱眉头呢！

　　可是，变聪明了并未使我在学校里的状况有所好转。因为我提的一些奇怪问题，有些甚至老师们也没法回答，这导致我成了老师眼中的"麻烦学生"。于是，他们故意不再提问我，也拒绝给我批改作业，这种被遗弃的失落感让我觉得如同身处牢笼一般。所以挨不到毕业，我就离开了学校，回到意大利米兰和父母团聚。

然而，在米兰，因为我的年龄超过了13岁，所以没法在米兰上中学，而此时想考大学也是不可能的，因为我没有高中毕业证书。

就这样，我一下子成了游走于校门外的"浪子"。我一会儿躺在草地上，静静阅读歌德和席勒的诗歌，一会儿在米兰城里东转西游，一会儿又到博物馆去欣赏米开朗基罗的绘画和雕塑。米兰玩腻了，我就独自徒步漫游，越过亚平宁山脉，到濒临地中海的热那亚度假。

一路上，我尽情地享受着意大利南方的阳光和绚丽的色彩，精神自由的感觉让我变成了一个充满活力的皮球，充满生命的弹性。其间，我还结识了一群当地的小混混，跟着他们一起瞎混。看到我变成这样子，父母忧心忡忡。

直到这年秋天的一个上午，我正要去河边钓鱼，父亲拦住了我，讲了一个故事给我听：

昨天，我和咱们的邻居杰克大叔去清扫南边的一个大烟囱。那烟囱只有踩着里边的钢筋踏梯才能上去。你杰克大叔在前面，我在后面。我们抓着扶手，一级一级地终于爬上去了。

下来时，你杰克大叔依旧走在前面，我还是跟在他的后面。后来，钻出烟囱，我们发现了一件奇怪的事情：你杰克大叔的后背、脸上全都被烟囱里的烟灰蹭黑了，而我身上竟连一点烟灰也没有。我看见你杰克大叔的模样，心想我肯定和他一样脸脏得像个小丑，于是我就飞奔到附近的小河里去洗了又洗。而你杰克大叔呢，他看见我钻出烟囱时干干净净的，就以为他也和我一样干净呢，于是就只草草洗了洗手就大模大样上街了。结果，街上的人看到他的糗样，肚子都笑痛了，还以为你杰克大叔是个疯子呢。

听完这个故事，我顿时满脸愧色，我能明白父亲的意思：别人谁也不能做你的镜子，只有自己才是自己的镜子。拿别人做镜子，白痴或许会把自己照成天才的。

所以，我很快离开了那群小混混，并且接受了父母的建

议，考入了瑞士苏黎世联邦工业大学，从此迈入了物理学的大门。

这就是我的童年，它让我能甩开事物的表面现象去思考，它让我学会了无拘无束地真正独立地思考。这使我能在1916年提出了广义相对论，一种关于万有引力本质的理论。我认识到原有狭义相对论容纳不下万有引力定律，于是混合了狭义相对论和牛顿万有引力定律，将引力描述为因时空中的物质与质量而弯曲的时空，取代了传统对引力是一种力的看法。

超级小链接

大衣

话说，爱因斯坦常常留着一头乱糟糟的长发，敞着衣领，不打领带，披着大衣，在街上散步。刚到美国时，一天，爱因斯坦在街上遇见一位朋友。

"爱因斯坦先生，"这位朋友说，"您应该添一件大衣了。瞧，您身上的大衣太旧了！"

"这有什么关系，在这里谁也不认识我。"爱因斯坦回答说。

几年以后，爱因斯坦已成为普林斯顿最著名的教授了，可他仍然穿着那件旧大衣。那位朋友见到他，又劝他去买一件新大衣。

"何必呢？"爱因斯坦说，"这里每一个人都认识我了。"

朋友顿时无语。

探究
原子结构

超级小档案

发现时间：1913年。

发现地点：英国曼彻斯特。

魔法指数：用氢原子模型解释了氢原子光谱，这标志着原子物理学的诞生。

主讲科学家

哥本哈根大学教授尼尔斯·玻尔

1912年，我从剑桥来到到处是烟囱的工业城市曼彻斯特。这儿的环境是够糟的，与剑桥和哥本哈根这些美丽的城市都没法比，但是，这儿有我最崇拜的物理学家，他就是被誉为"核物理学之父"的卢瑟福。

卢瑟福的实验室是一个温暖、快乐、活泼和紧张的地方。每天下午茶的时间，我们都会聚在一起喝咖啡，吃点心和水

果，大家轻松愉快地边吃边唱边闲聊。谈话内容包罗万象，有时谈剧院上演了什么好的歌剧，有时甚至谈到卢瑟福新买的小汽车如何如何气派。当然，谈到最后，话题又会自然而然地转到物理学的问题上来，最热门的问题就是原子结构的模型啦。

众所周知，在发现电子之后，汤姆孙教授就提出了一个原子结构的模型，这个模型被称为"西瓜模型"，意思是说原子就像一个大西瓜，西瓜子就是带负电的电子，均匀地撒在西瓜瓤中，而西瓜瓤就是带正电的物质。正电量和负电量相等，正负电荷恰好抵消，所以整个原子就是中性的，即不显示电性。

汤姆孙的"西瓜模型"有许多优点，因此很受科学家的赞扬，大家都相信原子就是那样。卢瑟福是汤姆孙的学生，所以他开始也相信"西瓜模型"是对的。但是，1911年的一次实验，却使卢瑟福开始怀疑"西瓜模型"了。

1911年初，卢瑟福做了用高速α粒子轰击金箔的实验。α粒子是一种带两个正电荷的粒子，当它以很高的速度飞行时，它就像一颗有很大穿透力的子弹。如果"西瓜模型"是正确的，α粒子将轻松地射穿金箔，这就像拿一支飞镖甩向一张薄纸，飞镖肯定能轻易地穿破纸并飞过去。

可是，在实验中卢瑟福却发现，大部分α粒子几乎沿原来的方向运动，只有极少部分α粒子发生大角度偏转，甚至被反弹回来了。这怎么可能呢？卢瑟福又重复了多次试验，做了各

种检查，结果却还是一样。

显然，实验是精确的，那么，该怎么解释α粒子被弹回的事实呢？看来，汤姆孙的"西瓜模型"不对了。

卢瑟福一贯不盲目崇拜权威，他更相信实验本身。为了解释α粒子被反弹回来的现象，卢瑟福提出了新的原子结构模型。他认为，原子结构应该像太阳系的结构一样，原子里有一个像太阳一样的带正电的核心，而核外电子就像行星绕太阳旋转一样，绕着带正电的核心（原子核）旋转。原子核集中了整个原子正电的电量和几乎整个原子的质量，可以形成一个强有力的电场，因此，当α粒子撞到核上时，就会被核的强大电力反弹回去。另外，因为原子核只占有原子体积的很小很小的一部分，所以大部分射向原子的α粒子都可以轻松地穿过原子，只有少数几粒才会被反弹回去。这种模型被称

为"行星模型"。

　　虽然说卢瑟福的"行星模型"很好地解释了前面的实验现象。可是，这个模型有一个致命的缺陷：假如电子围绕原子核旋转，肯定会射出电磁辐射，这样，电子的能量就会降低，直至在原子核处坠落。但事实是，原子是可以长久稳定存在的。

　　这个缺陷问题最终被我解决了。这是我来到曼彻斯特后的第二年，我提出了一种新的氢原子模型。我认为，电子围绕原子核旋转并非任意的，而是有特定的运行轨道，而这些不同的轨道间存在着能量差。在建立这个模型时，我使用了普朗克提出的量子概念，而光谱学的实验数据也与我的原子模型一致。

　　卢瑟福老师对我的假设赞叹不已，他没想到，原子结构的谜这么快就被自己的学生搞定了。从此之后，

他对我无比信任。在我们的实验室里，每次有学生问他一个什么问题，或者当他太忙而没有时间的时候，他就会立即挥挥手说："噢，这个问题嘛，你去问玻尔吧……"

金质奖章

第二次世界大战时期，丹麦被德国纳粹占领。由于玻尔的研究资料对制造原子弹具有重大意义，因此，德军布下天罗地网，要抓住玻尔。

通过与盟军的联系，玻尔决定逃往英国。在出发之际，为了不让德军抢走代表至高荣誉的诺贝尔金质奖章，玻尔将它溶解在一瓶王水中。后来，德国纳粹没有抓住玻尔，但知道玻尔没有带走奖章，于是便把玻尔的实验室翻了个底朝天，可是最后还是没有找到奖章，一个个败兴而归。纳粹们做梦也想不到，桌面正中的一瓶王水中，竟然就存放着那枚金质奖章。

后来，瑞典皇家科学院在得知这一情况后，重新铸造了一枚金质奖章授予玻尔。而这段颇为传奇性的故事，也足以让世人看到科学家所特有的机智和玻尔对名誉的重视。

混沌之死

超级小档案

发现时间：1934年。

发现地点：日本大阪。

魔法指数：提出核子的介子理论并预言介子的存在。

主讲科学家

日本京都帝国大学教授汤川秀树

我出生在东京一个学者之家，所受到的教育带有很浓的自由主义色彩，幸运的我没有体验过世俗的辛劳。

记忆中，祖母是第一个夸我聪明非凡的人。4岁那年，有一天，她给我买来了一套由12块彩图板组成的拼图游戏。我全神贯注地玩起拼图来，但是玩过几次后我就觉得这太容易啦。如果把最后拼成的画面记在脑子里，那么玩起来就再容易不过了，因而当我毫不费力地记住了每个画面的图案时，我的好奇心顿时就消失了。

"看，奶奶，正面朝下我也能拼出来！"我可以不看任何画面进行拼图，而当我把它朝上翻过来时，就会出现那个画面。

"哎呀！"祖母说，"真是一个聪明的孩子 —— 也许是家里最聪明的孩子。"祖母高度地评价了我的能力，这是对家里其他成员所没有的一种看法。

5岁起，我的外祖父就教我诵读中国经书，最早读的一本书是《大学》，后来是《论语》和《孟子》。诵读的经历是痛苦的，一字一句，不断重复，寒夜脚趾冻得发麻，暑夕汗流浃背。尽管如此，我必须照本宣科地学习，因为我怕外祖父手中的教鞭。我读中国经书虽不求甚解，但收获颇大，所以后来读汉文书籍几乎没有任何困难。

上中学后，我变得越来越内向了。一次，我在父亲的书柜里发现了《老子》和《庄子》这两本书。老子的思辨精神虽然让我着迷，但我更爱读庄子的一个又一个神奇的寓言。

　　对庄子的喜爱，让我一度梦想做个文学家。可是到了1922年11月，爱因斯坦博士乘船从中国来到日本访问，这在日本国内掀起了一股物理热，很多科普书籍随之出版，学物理成了时尚。受此影响，我也把志向转向了物理学。

　　1929年，我从京都大学物理系毕业后，先是留校任教，后又转入新建的大阪帝国大学，我选择原子核结构作为研究课题，正式开始了物理学的研究。

　　在当时，关于原子核结构的研究并非物理学的主流。当时的人们已经知道：原子由原子核和核外电子组成，而原子核由质子和中子构成。质子和电子是由于电性相反而相互吸引，但是原子核中的质子和中子是怎么结合在一起的呢？这让人困惑不已。有人提出质子和中子间存在一种核力，是它把数百个质子和中子束缚在一个原子核里，但这种核力是如何产生的，无人知晓。

　　这个难题困扰着全世界许多优秀的科学家，我也常常为此失眠。有时候，几乎一晚上躺在床上盯着天花板，直到天亮。

　　1933年4月，我发表了第一篇论文，指出核力是交换电子产生的，但马上遭到了学界的否定和抨击，我也很快认识到这一假设的诸多不足。

　　1934年9月的一天，一场猛烈的台风席卷了大阪地区。风大得吓人，很多东西被吹得四处飞扬。因为没法出门，我一个人静静地躺在床上，处于一种精力极度集中的忘我境界。

　　恍惚间，我梦到了中学时读过的《庄子》中的一则神话：

相传洪荒时代，南海帝王倏(shū)和北海帝王忽，时常到中央帝王混沌家里参加聚会，受到了混沌很好的招待。混沌虽然没有眼睛，没有鼻子，没有耳朵，也没有嘴巴，可是为人非常善良好客，大家都喜欢跟他做朋友。一日，倏和忽想要报答混沌昔日待客的恩德，商量道："人皆有七窍来看、听、饮食和呼吸，唯独混沌什么都没有，我们试着来帮他凿出七窍吧！"两人日凿一窍，7日后，混沌死了。

或许"倏"与"忽"像两种基本粒子，"相遇于混沌之地"俨然是粒子对撞，而"混沌"可能就是我苦苦追寻的更基本的粒子构造。两个月后，研究取得了突破，我提出了一个新的理论：原子核中存在一种未知的基本粒子，能产生使原子核得以结合的力。我把这种新粒子称为"介子"，这一理论被称为"介子理论"。

"介子理论"刚提出时，很多物理学权威都提出了反对意见。到了1947年，英国物理学家鲍威尔找到了我预言中的介子。从此以后，"介子理论"得到了世界的公认，我也因此获得了1949年的诺贝尔物理学奖，成为第一位获得诺贝尔奖的日本人。

在一定意义上，2300多年前的庄子的某些想法与某些物理学理论不谋而合。这真是太不可思议啦！

超级小链接

濠梁之辩

　　有一次，庄子说："鱼在水中游，这是鱼之乐啊！"惠子立刻反驳："你不是鱼，怎知鱼之乐呢？"庄子说："你不是我，怎么知道我不知道鱼之乐？"惠子辩驳说："我不是你，自然不知道你的情形。可你不是鱼，所以你也不会知道鱼之乐。"于是庄子答道："其实你在问我'你怎么知道鱼之乐'的时候，就已经承认我是知道鱼之乐的了。"

　　这篇《濠梁之辩》是汤川秀树在讲座中最常提到的故事，在汤川秀树看来，庄子和惠子的争辩反映出科学家对事物的思维方法处于两个极端。一种是："一切未经证实的事物，全不相信。"另一种是："未经证实的不存在的事物或不可能发生的事物，全不排除。"他认为，无论是哪一方，都是狭隘的，也都不应该应用于今天的科学中。

合作的奇迹

超级小档案

发现时间：1956年。

发现地点：美国纽约。

魔法指数：发现了粒子弱作用中的宇称不守恒原理，开辟了粒子物理的新境界。

主讲科学家

美国哥伦比亚大学教授李政道

1943年，我考入了浙江大学物理系，当时我才刚17岁，虽然中学没毕业，可依然靠实力通过了入学考试。

因为抗日战争的缘故，浙江大学从浙江杭州搬到了贵州永丰。新校区的校园条件很差，物理实验是在一间破庙里做的，教室和宿舍挤在两个会馆里，找个安静读书的地方都是个问

题。经过一番寻找，我发现附近的茶馆不错，那里有桌有椅，地方也敞亮，我就常常跑到茶馆里去看书、做习题，泡一杯茶，一天就过去了。

两年后，我转学到昆明的西南联合大学物理系，在吴大猷（yóu）教授的指导下学习。西南联合大学是一所由清华大学、北京大学和南开大学三校合办的临时大学，聚集了全国一大批知名学者。当时正是抗战最困难的时候，这里的生活同样艰苦，但教学质量非常高。我很珍惜这来之不易的学习机会，所以学习非常刻苦，进步也很快。

抗战胜利后，国民政府计划选派留学生出国考察。在甄选物理人才时，我的导师吴大猷教授毫不犹豫地选择了正在读二年级的我，推荐我到美国芝加哥大学深造。在西南联大跟随吴老师学习是我人生中最难忘的一段经历，虽然只有短短一年零两个月，但对我影响深远。我从他那里学到的不仅包括科学家的人格涵养，最重要的是学到了对知识的"奉献"。

到达美国后，我申请了芝加哥大学的研究生院。幸运的是，校方同意了我的申请。在芝加哥大学，我第一次见到了杨振宁，他也是西南联合大学的毕业生，当时正在芝加哥大学当助教。我们相谈甚欢，成了好朋友。

我深知出国留学的机会非常难得，因此学习非常刻苦。我把大部分时间都花在图书馆的阅览室里，每天直到晚上十二点图书馆闭馆才回宿舍。当时，图书馆中午是不闭馆的，到了十二点，会有专人来给不回家吃饭的读者送上一份快餐。这份快餐是要收费的，而且比食堂里的贵很多。那时我的学费很少，根本付不起这份餐费，可是我又不想中断阅读。为此，每天到了饭点，我就偷偷躲到厕所里，等回到座位上时，我再啃一点自备的干面包。后来，送餐的太太发现了这个秘密，她同情我的遭遇，就每天免费送一盘多余的食物给我。

　　我的研究生导师是费米教授，他是一位物理学泰斗，也是一位良师。1950年，在费米教授的指导下，我完成了关于天体物理学的博士论文。这篇论文获得了很高的评价，所以在我24岁那年，我获得了芝加哥大学的哲学博士学位。

　　1951年，我在普林斯顿高等研究院工作，其间，我开始跟杨振宁有了真正的合作，并建立了亲密的关系。两年后，我前往哥伦比亚大学任教，而杨振宁也恰好调到纽约的布鲁克海文实验室工作，这使得我们两个可以比较容易地见面。不久，我俩之间订立了一个互相访问的制度，即每周互访一次，讨论当时物理学中的最前沿的问题。这个互访制度

对我俩之间的合作产生了巨大的影响，从1956年到1962年，杨和我共同写了32篇论文，范围从粒子物理到统计力学……合作密切而富有成果，有竞争也有协调。

我们在一起工作，发挥出我们每个人的最大能力。合作的成果大大多于每个人单独工作可能取得的成果。

在当时，物理学家们都在为如何解释β衰变而争论不休，因为这一衰变过程的数据严重违背了"宇称守恒定律"。宇称守恒是指在任何情况下，任何粒子的镜像与该粒子除自旋方向外，具有完全相同的性质。这一理论已经在物理界被挑战了30年而屹立不倒。在一次互访讨论中，我和杨振宁意外发现，这个宇称守恒定律似乎仅仅适用于强相互作用力，而对弱相互作用力是否也同样适合似乎还从未有人研究过。我们决定以此为突破口，去检查一个又一个弱相互作用力的实验结果，想要看看有没有任何有关宇称不守恒的信息。在与杨振宁一起经过大概三个星期的紧张工作后，我们终于有了惊人的发现。

1956年，我和杨振宁合作撰写了《弱相互作用中的宇称守恒质疑》论文，并委托好友吴健雄进行检验。吴健雄经过巧妙的实验，证明了我们的假设，宣布推翻了宇称守恒定律。这一发现震惊了世界，人类探索微观世界的新大门被打开了。

1957年，我和杨振宁因为这一发现获得了诺贝尔物理学奖，此前诺贝尔奖从未有华人获得过，这无疑是全世界华人的一大荣誉。

超级小链接

吴健雄的中国心

1936年，吴健雄离开中国，坐船去美国求学。

由于中国大环境变局的影响，学业完成后未能按原计划回国。人生中那些最重要的岁月，她都是在美国度过的。和许多那个时代的海外华人一样，她对自己承袭的中国文化，有着深厚的认同和自豪。在日常生活中，吴健雄经常说的是中国事，行事生活也都是中国规矩、中国习惯。

她以一个外国人的身份参加到最机密的原子弹研究工作中，为的就是有朝一日能替苦难中的祖国尽一些力。虽然当时时局动荡，眼看回国无望，但即使这样，在美国生活的十几年中，吴健雄一直都未加入美国国籍。

1950年，朝鲜战争爆发，中美关系恶化，两国不再颁发签证。1954年，为了工作和外出开会签证上的方便，吴健雄和丈夫才不得不申请加入美国国籍。

宇宙之王的
轮椅人生

超级小档案

发现时间：1974年。

发现地点：英国剑桥。

魔法指数：提出宇宙大爆炸自奇点开始，时间由此刻开始。

主讲科学家

英国剑桥大学教授史蒂芬·霍金

有人问我："霍金先生，你为何要选择做一个理论物理学家呢？"

答案显而易见，我不能动，也不会说话，除了理论物理学家，还能做什么呢？唉，算起来，我得渐冻人症（全称叫"肌肉萎缩性侧面硬化症"）已经快40年了，这是我的不幸，但好在我所从事的是理论物理研究，所以我的病不至于成为严重

的障碍，甚至还能够让
我凭借科普畅销书享誉世界。

我出生于1942年1月8日，这恰
好是300年前物理学之父伽利略逝世的日子，这种巧合或许还
真有某种奇妙的联系吧！

跟许多伟大人物年轻时的奇迹不同，我童年时在学校里
的表现平淡无奇，考试成绩也总是在中游徘徊。那时候，我几
乎把全部的精力都投入到制作船艇、飞机模型和发明精巧游
戏上面了，这些无疑培养了我后来的科学兴趣。在我看来，搞
这些，都是出于那种想了解事物是如何运行、又试图想操控它
们的渴望。在攻读博士学位期间，从事宇宙学研究也正是极
大地满足了这种渴望，因为如果你知道宇宙是如何存在的，你
就能找到操控它的方法。

我的父亲同样是位科学工作者，我自小就视他为我的榜
样。1959年，我拿着奖学金顺利入读了父亲的母校牛津大学，
随后又转入剑桥大学攻读宇宙学。

　　可是，就在1963年，灾难早早降临了，我被
告知患上了不可治愈的肌肉萎缩性侧面硬化症，这种病会导
致控制肌肉自由活动的神经细胞丧失功能。虽然对思维和记
忆没太大影响，但全身的肌肉会开始萎缩，直至全身瘫痪。
主治医师更是给我下了最后通牒：先生，乐观估计，您还有两
年可活。尽管医生放弃了我，但我还有家人可以依靠。所以，
我的父亲成了我的医生，我有什么问题都找他寻求帮助。

　　对于疾病，开始我也是极度沮丧，不过，我试着通过欣
赏瓦格纳的歌剧来寻求解脱。后来，我想通了，生命无常，光
埋怨于事无补，既然我还能活几年，那我就要继续攻读博士
学位。

23岁时，我如愿以偿取得了自然科学博士学位，并留在剑桥大学任教，继续从事黑洞和宇宙大爆炸方面的研究。在这里，我和妻子珍·王尔德相遇并结婚。妻子的信任和鼓励给了我很大信心，让我坚定了活下去的勇气。

1980年，我因为肺炎接受了手术，术后我就几乎全身瘫痪了，还失去了大部分的说话能力。好在，我的工程师朋友帮我量身打造了一张高科技轮椅。这是一张配有万用红外线传感器的轮椅，可以控制电视机、录音机，可以听音乐、锁门、开关灯等。

到了1985年的夏天，一天晚上，我因为肺炎引发气管堵塞几近窒息。幸亏，一位日内瓦医生对我进行了及时的治疗，才得以好转。不久，医生对我实行了气管切开手术，并植入一个呼吸装置，手术虽然很成功，但夺取了我残存的说话能力，从此我不会说话了。

后来，加利福尼亚州的软件设计师帮助了我，他们为我量身定制了一套电脑系统。我想说话时，只要抽动右面颊肌肉，眼镜上的红外线感应器就会收到讯息，然后身边的电脑就开始自动打字。后来，美国公司Words-Plus又帮我开发了一套语音系统，通过它，我可以用电脑说话了。唯一的弊端就是用它说话慢得吓人，好几分钟才能说完一句话。

在科技的帮助下，我成了剑桥最杰出的科学家之一，还获得了伦敦皇家学会的埃丁顿勋章、霍普金斯奖等诸多荣誉，这使我成为继爱因斯坦之后最杰出的物理学家之一。

可是，名气再大，总要用钱来生活吧。因为先前治疗的费用惊人，加上孩子上学的开支增加，经济困境促使我决定写一本关于宇宙的书。这就是后来出版的《时间简史：从大爆炸到黑洞》，这本书用科学向人们阐释了"时间有无开始，宇宙有无边界"等问题。如先前预料的那样，这本书出版后取得了惊人的销量，超过了以往任何类别的科普读物，巨额的图书版税让我再无经济之忧啦！

2006年，我到香港访问，一位瘫痪病人询问我对安乐死的看法，我回应说："你有权决定结束自己的生命，但这会是

一个很大的错误，无论生命看似有多糟，你依然可以有所作为、有所成就。生命不息，奋斗不止。"

对研究外星生命的警告

著名理论物理学家霍金曾发表过一项警告：在宇宙的很多地方，外星人肯定存在，但是我们不应该主动去寻找，应该尽量避免与他们接触，不然的话后果不堪设想。

霍金认为，宇宙之大，地球不可能是唯一拥有生命的星球，大部分地外生物等同于相当长时间里主宰地球的细菌或者简单生物。霍金提醒："少数生命形式可能是智能化的，假如他们是坐着大型飞船而来，如果由于长途旅行，他们耗尽了起飞时所带的资源，很有可能会成为入侵者，伺机征服并殖民他们能够抵达的任何星球。"

同样，英国天文学家洛德·里斯也对此发出警告说："我估计，生命和智能生命以我们无法想象的形式存在于其他地方，就像黑猩猩无法理解量子论一样，可能存在我们想象不到的危险。"

用光捕捉原子

超级小档案

发现时间：1987年。

发现地点：美国加州斯坦福。

魔法指数：发明了用激光冷却、捕获原子的方法，为低温量子物理的研究开辟了道路。

主讲科学家

美国斯坦福大学教授朱棣文

　　我的父亲是清华大学的毕业生，20世纪40年代，他来美国留学，后因为战乱，就留在了美国。1948年2月，我在美国密苏里州出生了，是家里的老三。

　　小学时，我除了喜欢在美国很流行的橄榄球和垒球，还很喜欢手工制作，经常在家中的地板上堆放一些金属零件，

有空就拿出来摆弄一番，制作飞机和军舰模型。有一段时间，我还根据科学游戏书里的介绍，去检测邻居花园里土壤的酸碱度和营养成分，这些活动与学习的关系并不大，但却很好地锻炼了我的动手能力和对科学的迷恋。

上中学后，我的兴趣逐渐转移到物理和数学上。这两门科学不需要记忆太多复杂的东西，而是要求有较强的逻辑思维能力，善于推理和计算。这很符合我的"口味"，也让我从推理中获得乐趣。

当时教我物理的老师非常有才华，他善于培养学生的科学精神。比如，在讲述地球引力时，他先从各种日常现象说起，然后提出一些设想，最后再对这些设想进行检验，最后获得正确的结论。根据这些结论，再进行精确的实验，得到了重力加速度的数值。这一过程把物理知识和现实紧密地结合在一起，成了鲜活的探索游戏。我非常喜欢这样的教学方式，逐渐地

被物理的魅力所倾倒。

高二时，我曾在老师的指导下动手制作了一个物理摆，亲自动手测量了地球引力。这种实验看似简单，却需要非常熟练和细致的手工操作，小时候摆弄小东西获得的经验，在这里得到了施展和强化。

1970年，从罗彻斯特大学物理系毕业后，我转入加州大学伯克利分校读研究生。六年后，我获得了物理学博士学位。毕业后，我应聘到素有实验科学天堂的贝尔实验室工作，那里的科研环境非常轻松，研究者可以自己选择研究方向，且有设备和资金的支持。在经过一番筛选后，我从爱因斯坦提出的原子簇可能被凝聚的理论出发，决定以原子捕获作为我的

研究课题。

科学家们一直都希望可以操作单个原子，这样就能够从分子层面研究化学反应了。固体和液体的分子和原子排列紧密，难以分离，而气体分子和原子间的间隔则较大，但因为它们不停地在做无规则运动，用现有仪器很难捕捉到。不过，如果降低气体的温度，原子的运动速度就会变小。通过研究我发现，在常温下，空气中分子和原子的运动速度高达每小时4000千米，可是当温度降到零下270摄氏度以下时，其速度就会降低到每小时400千米左右，这就为原子捕获提供了可能。

1985年，我和同事设计了一套装置，用两两相对、沿三个正交方向的六束激光使原子减速。原子处于六束激光的交汇处，无论向哪个方向运动都会被推回来。在这个交汇处，大量冷却下来的原子凝聚起来，肉眼看上去像是一个豌豆大小的发光气团。这六束激光像是黏稠的液体，原子在里面会不断降低速度，因此被称为"化学黏胶"。这时候，原子的速度已经低到可以观察的程度了。

　　解决了速度问题还不行，因为原子还会受到地球引力而下落。为了解决下落的问题，我们又在激光交汇处加了一个磁线圈，磁场会对原子产生一个比重力大的力，阻止了原子的下落。这样，原子就被激光和磁场约束在一个很小的范围内了，就可以进行各种观察和研究了。

　　1997年，我因为发明了激光冷却捕获原子的技术获得了诺贝尔物理学奖，这是一个很大的荣誉，我自然欢喜非常。但是，我并未把它看得很重，毕竟，科学的道路是无止境的，而我所做的不过是其中的一小步。

　　在一次到中国访问时，有人问我："为何国人很难获得诺

贝尔奖，到底是什么原因呢？"

对于这个问题，在我看来，中国人应该首先有自信，同时也要看到并不是所有优秀的科学家都获得了诺贝尔奖。不要为了获奖才去研究，而要从科学贡献或爱好的角度出发。我的建议是：中国科学家要想获得诺贝尔奖，需要选择前沿科学领域，要选择代表现代科学发展趋势的新技术，同时还要有广阔的视野，能够开展跨学科、跨国界的研究。

谁发明了激光

哥伦比亚大学教授查尔斯·汤斯一直在寻找一种可以产生极高频率无线电波的方法。一天晚上，他在公园里散步，突然想到可以通过激发原子和分子，使这些微小的粒子放射出他想要的电波。这一设想使他最终获得了诺贝尔奖。

1958年，汤斯和另外一位研究者提出了激光原理，并决心制造出一台激光器。1960年，第一台激光器由特立独行的工程师特德·梅曼制造，他笑称制造这台激光器的过程"简单得可笑"。

可是，另一个名叫切斯特·古尔德的哥伦比亚大学研究生，早在自己的笔记本里就写满了关于"激光"的想法，但他此前从未告诉任何人。

那么到底谁才是激光发明人，你自己来决定吧！

图书在版编目（ＣＩＰ）数据

变魔法的物理 / 李瑞宏，赵新，闻泉新主编；刘元冲，白文科编；大米原创绘. -- 杭州：浙江教育出版社，2014.10（2016.4重印）
（听科学家讲故事）
ISBN 978-7-5536-2324-5

Ⅰ. ①变… Ⅱ. ①李… ②赵… ③闻… ④刘… ⑤白… ⑥大… Ⅲ. ①物理学－少儿读物 Ⅳ. ①O4-49

中国版本图书馆CIP数据核字(2014)第213612号

听科学家讲故事
变魔法的物理

李瑞宏主编　　郭寄良副主编
刘元冲　白文科编著　　大米原创·工作空间绘

出版发行	浙江教育出版社
	（杭州市天目山路40号　邮编：310013）
策划编辑	蒋　婷
责任编辑	蒋　婷　陆音亭
责任校对	陈云霞
责任印务	刘　建
印　　刷	浙江新华印刷技术有限公司
开　　本	787mm×1092mm　1/16
印　　张	10
字　　数	200000
版　　次	2014年10月第1版
印　　次	2016年4月第3次印刷
标准书号	ISBN 978-7-5536-2324-5
定　　价	25.00元

联系电话: 0571-85170300-80928
e-mail:zjjy@zjcb.com　网址：www.zjeph.com